植物学通信

（第二版）

［法］卢梭 著

熊 姣 译

北京大学出版社

PEKING UNIVERSITY PRESS

图书在版编目（CIP）数据

植物学通信 ／（法）卢梭（Rousseau, J.）著；熊姣译. — 2 版.
—北京：北京大学出版社，2013.6
（沙发图书馆. 博物志）

ISBN 978-7-301-21642-2

Ⅰ．①植… Ⅱ．①卢… ②熊… Ⅲ．①植物–普及读物 Ⅳ．① Q94-49

中国版本图书馆 CIP 数据核字（2012）第 282169 号

书　　　　名：植物学通信（第二版）
著作责任者：[法] 卢梭 著　熊姣 译
责 任 编 辑：吴　敏
标 准 书 号：ISBN 978-7-301-21642-2/G·3540
出 版 发 行：北京大学出版社
地　　　　址：北京市海淀区成府路 205 号　100871
网　　　　址：http://www.pup.cn　　新浪官方微博：@北京大学出版社
电 子 信 箱：sofabook@163.com
电　　　　话：邮购部 62752015　发行部 62750672　编辑部 62752025　出版部 62754962
印　　刷　者：北京宏伟双华印刷有限公司
经　销　者：新华书店
　　　　　　880 毫米 × 1230 毫米　16 开本　11.75 印张　200 千字
　　　　　　2011 年 12 月第 1 版　2013 年 6 月第 2 版　2021 年 11 月第 5 次印刷
定　　　　价：49.00 元

目　录

Roussœa Simplex

卢梭

《植物学通信》中文版序

1.还是那个卢梭

卢梭，植物学，听起来好奇怪。

那位《忏悔录》、《社会契约论》、《爱弥儿》的作者怎么又扯上了植物？的确，在相当长时期内，学校里、社会上并没有告诉我们卢梭还关心过植物，更没有讲清楚卢梭的非凡思想与植物学有何关联。

我曾与一位法国文学、哲学专家聊过天，他似乎根本没听说过卢梭留下了植物学著作。这并不奇怪，在一般人眼里，植物学就是植物学，与人文学术有什么瓜葛？由此推想，长期以来卢梭的植物学通信为何没有中译本，甚至绝大多数人根本不知道世上有这本书？

《植物学通信》名义上是向一位小女孩讲述植物知识，在中国的书店中它可能被列为"科普"书，实际上未必要扯上科学。

如何看待卢梭及这部作品，读者有自己的自由，此译本的出版提供了重温卢梭的一个契机。

卢梭，还是那个卢梭，我们对他的解读或许要改变一些。

2.启蒙、现代与后现代

我虽然在学地质学的时候就读过卢梭的一些书，但并不晓得他如此喜欢草木。在《博物人生》中我曾写道：

> 许多年以后，通过植物学、博物学我再次追索到卢梭。一开始我甚至怀疑，还是那个卢梭吗？偶然间，我发现卢梭特别喜欢植物，还留下了许多关于植物的描述。先是读容易找到的卢梭的《孤独漫步者的遐想》，果然卢梭在大谈植物学。然后重读《忏悔录》和特鲁松的《卢梭传》，发现了从前完全没有在意的方面：他竟然曾经想成为一名植物学家。植物学对于卢梭有"精神治疗"的含义，观赏植物、研究植物有助于抑制他的神经质。植物、植物学让他心境平和，孩子气十足，从而忘却生活中的那些不快和恶人。

至此，我也只是在个体的意义上理解卢梭对于植物的"关怀"。直到有一天我通过馆际互借读了库克女士（Gail Alexandra Cook）的博士论文《卢梭的"道德植物学"：卢梭植物学作品中的自然、科学和政治》（1994），思路才算打开，有一种豁然开朗的感觉。前现代、现代和后现代突然经卢梭一个人而迅速串连起来，在他身上，这三个阶段都有表现。卢梭一直在鼓吹"自然状态"，通过政治哲学又提出了"公民状态"，但他对即将到来的全面现代化进程又表现了深深的不满，因而提出了许多后现代学者才有的社会批判。他与其他启蒙思想家保持了相当的距离，多出了一个反思的维度。为了印证这一感觉，便找来涂尔干的《孟德斯鸠与卢梭》。这位社会学大师把卢梭的政治哲学的逻辑讲得比较清晰。

卢梭一生中虽然也有风光的时候，但总体上讲是不幸的，他的诸多思想和举止在当时都是"反常"的，为当局、学术界、普通百姓所不容。他个人的不幸最终换来全人类的某种觉悟，通过卢梭我们人类的观念得以进化。读卢梭的若干作品或相关传记材料会多少感觉到，与狄德罗、伏尔泰、休谟等人关系搞得一塌糊涂的这个人有些神经质。没错！但是，正是这样一位多少有些"神经"的思想家，敲响了反思现代性的警钟。两百年前就有现代性、后现代性了？历史上，不正是卢梭等一干人揭开了现代性的序幕，促成了现代普适价值观的层层展开吗？没错。达尔文非正统（表现为一定意义的非宗教）、非人类中心、非进步的演化论（即通常说的进化论）同样有较明确的后现代意蕴，但长期以来被作了反向的现代性解读，演化论之被广泛误解与时代错位有相当的关系。伟大思想家的一个特点是，可以适当超越时代，提前感受到、预见到其他人很久以后才明白或者终其一生也未能明白的事情。作为启蒙学者，卢梭一方面是现代性的始作俑者，另一方面是现代性的深刻批判者。长期以来，人们似乎只注意或者更多地注意了前者，而忘记、轻视了后者。

回想起来，我们对"启蒙"的理解是多么地天真啊！这样单向度解读卢梭的缺陷是，只看到与当下现代性观念相一致的思想方面。于是我们将卢梭的自然观念置于次要地位，没有与他的教育学、哲学、政治学联系起来，以为卢梭的植物学爱好是可有可无的修饰或者晚年的无奈。

3. 一根筋与双向度

卢梭是一位了不起的思想家，迄今我们对他的理解依然不够"立体"。恰如译者熊姣所言，"卢梭让我切身体会到一种矛盾"，说得更准确些，不止是一种矛盾，而是多种矛盾。

面对大自然中美丽芬芳的植物，卢梭一方面讲植物的经济价值，另一方面又鄙视过分功利地看待植物。要了解身边的花草，卢梭强调必须掌握一些基本的植物学术语、知识，但同时又明确反对为术语所累而不能真正睁眼看花朵。无须回避，这里面有矛盾，或者说有张力。

习惯于讲究理性一致性、推崇"一根筋"价值观的现代人，已经难以欣赏卢梭处处展示的双向度"纠结"。比如，现代人已经自动放弃辩证思维，只认单向度的效率，不知道慢本身也是一种重要价值，无法感受老子《道德经》讲述的另一套价值体系。再比如，在当代奥林匹克精神被简化为"更快、更高、更强"，比赛成为一次次与爱国主义和奖金挂钩的玩命挑战，早已远离游戏（game）的本来含义；竞技体育与锻炼身体已经没多大关系，甚至走向其反面，运动员身体差、死得快已经不算奇闻。在伦敦地铁多少有些"寒酸"的弧形墙体上，我见过一幅面积不算大的公益广告，上书圣雄甘地的一句话："There is more to life than increasing its speed"，在中国能拿起本书的人，自然认识这句英文中的每一个词，我就不翻译了（还真不太好译）。对于天南海北行色匆匆的乘客来说，倒是很好的提示：抢什么？

4. 博物学与科学

应当承认，卢梭对植物进行细致观察、研究，与当下科学家做植物科研，动机、态度、规范和方法是有区别的。这也可视为博物学与科学的差异。卢梭曾坦率地讲，"人们不能设想植物生命本身就值得我们注意；那些一辈子摆弄瓶瓶罐罐的学究瞧不起植物学，照他们的说法，如果不研究植物的效用，那么植物学就是一门没有用处的学科"；"只把植物看成是满足我们欲望的工具，我们在研究中就再也得不到任何真正的乐趣"。

人们可说卢梭还不够科学，但这不会贬损卢梭，因为当下的科研导向恰恰是有问题的。植物在一部分现代高科技的层层分解之下逐渐远离公众的"生活世界"，生命之完整性和尊严在消隐，人与自然的关系被严重扭曲；科技竞技场与社会大舞台上表演的是赤裸裸的非名即利的剧目。

现代性之病是全方位的，卢梭所鼓吹的植物博物学不可能对现代性的诸多顽疾都有疗效。不过，有机会从尝试观察一株不起眼的小草开始，新的世界就会向自己敞开。

人们怀着敬意享受着科技的成果（对乔布斯的崇拜可见一斑），但是普通人确实越来越难以理解绝大部分现代科技，更不用说亲自参与其中。与科技有着共同起源并且迄今依然部分重叠的博物学，却是人人可以尝试的，我们祖先熟悉它，日日实践，代代相传，到了我们这里，没必要中止。

离开计算机、手机、网络一会儿，它们没有那么重要，尝试把自己偶尔放回大自然吧！

卢梭在这本植物学通信中说，不管对哪个年龄段的人来说，用博物的眼光探究大自然奥秘都能使人避免沉迷于肤浅的娱乐、平息激情引起的骚动，用一种最值得灵魂沉思的对象来充实灵魂，给灵魂提供有益的养料。

博物学曾长期与"绅士的业余爱好"联系一起。我们不可能都是真正的绅士，但追求恬淡、向往崇高、热爱自然之心是可以有的，也是可以付诸实践的。

面对数百、数千、数万种植物，初学者通常觉得无从下手，不知如何入门，等热情一过，也就跟植物告别了。卢梭在第六封信中讲述了进入植物世界的步骤、方法，还提醒道："我希望你所掌握的，不是一种鹦鹉学舌式的给植物命名的能力，而是一门真正的科学，而且是能陶冶我们情操、最令人愉悦的学问之一。"

非专业人士接触植物不要指望一下子都能分清每个种、变种、栽培变种，那是不现实也不必要的。修炼博物学，名字是敲门砖，没有名字非常麻烦。如何知道芳名呢？重要的是如卢梭所言，逐渐明了一些"科"的基本特征，见到新植物时，能够下意识地知道它可能属于哪个科，然后再在那个科中为其"安排"位置，知道它所在的"属"或者确定"种"。那么一定要背许多枯燥的东西了？一定要严格按照检索表进行了？未必！多数人不是科学家，可能也不想当科学家。但是，普通人并不缺少感受、辨识、归纳、洞见、推理的能力。见到的植物多了，我们的心灵自然有能力将它们"分类"，只要调整太个人化的"分类"，使之与学术界公认的分类学适当兼容，难题就解决了。只要用心观察，普通人可以做到比植物学家还专业，对某一类植物可以做到"扒了皮认得骨头"，见到指甲大小的植物体就知道什么种类！爱一种植物，就像爱一个人，怎么可能不认识或容忍不认识呢，怎么可能不知道它的分类位置呢？如果做不到，说明爱得不够深。要调动一切可能的资源，打听、正式询问、书刊查找、网上搜索等，办法多着呢！当尝试了几乎一切办法还不见效果时，把它"悬置"起来，放一段时间，没准哪一天通过别的渠道突然就解决了这个问题。也不要太贪，别幻想一口吃个胖子，博物学是一种休闲、修身、养性的学问，不要太着急。记住，向别人打听植物名称时，不要一下子问一大堆，那样会显得没有诚意，因为费好大劲帮你鉴定了也白费，不久自己就混淆了。靠谱的规划是，一年内真正认识100种植物，知道它们所在的科；两年内认识300种，加深对各个科的印象；三年认识500－600种，尝试根据一些关键特征进行分类；四年认识1000－1500种并有能力自己解决大部分问题。

顺便一提，卢梭非常强调在自然状态中观察、研究植物，提醒"人的干涉"不要过分，他讨厌"花圃里那些备受青睐的重瓣花"。在北京大学校园就可以证明卢梭的这一观点有一定道理,燕南园里的单瓣榆叶梅要比常见的重瓣榆叶梅优雅、水灵得多！但此类事也不可绝对化，博物学总是允许例外，月季、牡丹的花也不错啊，毕竟大自然中也可以自然突变出重瓣品种。"自然"（natural）不是指任意设定、为所欲为，也不是指凝固不变、无所作为。

　　译出《植物学通信》的意义远远超出了普及植物知识的层面。感谢我的学生熊姣完成了我的一个夙愿,她做得非常棒。多年前我求人从海外购得其英译本时，自己也曾想过从英文把它译成汉语，终因杂事多或太懒而放弃。在我的推荐下，熊姣在紧张撰写博士论文《约翰·雷的博物学》期间，抽空翻译了卢梭这部有特色的著作。小熊与我一样，都喜欢植物，并愿意与他人分享辨识植物的喜悦。小熊基础扎实，做事认真。我相信，她能为复兴博物学做更多工作；盼望更多年轻人译介、书写博物学著作。在此也感谢北京大学出版社认识到博物学的重要性，最近连续推出多种博物学图书。在当下的中国，乐见更多的出版社加入博物学出版的行列（在相当长的时期内根本谈不上竞争和市场细分），将更多优秀论著奉献给渴望体验博物人生的读者。

刘华杰

2012年6月6日于檀香山

卢梭的剪影

第一封信

1771年8月22日

　　亲爱的表妹，在上次回信中，我之所以没有答复你提到的那些植物方面的问题，是因为单只那些问题，就得写上整整一封信。我有空的时候会给你详谈。[1]

　　你想引导令爱活泼可爱的心灵，并教她观察像植物这样宜人且多变的事物，这种想法在我看来是极好的；我本来不敢提此建议，因为唯恐惹上"若斯先生"[2]之嫌，但既然你提出了，我自然全心赞成，而且会竭诚提供帮助。因为我相信，不管对哪个年龄段的人来说，探究自然奥秘都能使人避免沉迷于肤浅的娱乐，平息激情引起的骚动，用一种最值得灵魂沉思的对象来充实灵魂、给灵魂提供一种有益的养料。

　　你已从周围所有常见植物的名字入手来对令爱进行教育，这正是你所

1　纽沙特尔（Neuchâtel）图书馆收藏的信件手稿中，此段被删除了，这可能是因为收信人德莱塞尔夫人不希望出版的信件中提到任何具有私人性质的问题。后由戈代（Godet）和布瓦·德·拉图尔（Boy de la Tour）复原。信函原件目前为德莱塞尔夫人的一名后人所有。
2　若斯先生是莫里哀小说《爱情灵药》（*L'amour Médecin*）中的人物，他本人是珠宝商，所以他建议自己的主顾买珠宝。

应当做的。她在日常生活中认识的这些为数不多的植物，为她今后拓宽知识面构成了一部分参照点；但这些还不够。你让我制定一份常见植物的简短编目并附上各种植物的鉴别特征，这项工作存在一个困难；那就是，怎样才能清晰而又简明地在信中为你描述这些标志或特征呢？在我看来，如果不使用特定的语言，就不可能做到这一点，而这门语言的专用术语构成了一个单独的词汇库，若是一开始不为你解释清楚，你就无法理解这些用语的意思。

此外，单单辨认植物、学习植物名称而对其他内容一无所知，对于像你这样聪慧的人来说，无非是一种过于蠢笨的训练，也不可能让令爱长久地从中体会到乐趣。

我建议你记下植物结构或构造方面的一些基础概念，因为，虽说你只需迈出简短的几步即可进入自然界三个王国中最美丽、最丰富的领域，但是，你至少需要一些启蒙知识才能到达那里。这并不只是命名学的问题，命名学仅仅是草药学家的知识。我向来认为，一个人不知道任何一株植物的名字，也能成为一名非常优秀的植物学家；虽然不希望将令爱培养成一名伟大的植物学家，但是我认为，学会真正看清自己所见的东西，她将来会发现这始终不无裨益。不过，千万别被这项工作吓退。你很快就会认识到，这不是什么重大的任务。等我给你一些建议，你会发现这里面没有什么复杂或是难以理解的；唯一的问题是，在一开始，需要有起步的耐心；在此之后你大可以随心所欲地往前推进。

由于时令已近秋末，那些结构最为简单的植物已经过季了。此外我也希望能抽出一点时间来给你之前观察到的那些植物略加排序。不过，在我们等待春日降临以便能追随自然之旅程的同时，我至少要教你词汇表里需要记住的少数几个词语。

一株完整的植物包括根、茎、枝、叶、花和果实——在植物学中，无论草本还是木本植物，对于其生殖过程的最终产物，我们都称作"果实"。

百合科珠芽百合
(*Lilium bulbiferum*)

岷江百合(*Lilium regale*)也叫帝王百合，百合科，于四川。　　黄精(*Polygonatum cirrhifolium*)，百合科，于北京。

这些你都知道，至少，以你的知识要理解这些词语是绰绰有余了；但是还有一个很重要的地方需要详加审视：结实器官（fructification），也就是花（flower）和果实（fruit）。我们先来说"花"吧，花是最先出现的。也正是在这里，自然展示出她的大成之作；通过花，自然的作品得以永存；花朵通常也是植物中最绚丽的部分，并且总是最不易于产生变异。

　　摘一朵百合花。我想你应该还是很容易找到一些打着朵儿的。在花朵绽放之前，你会看到，茎的顶端有一个椭圆形的花蕾，表面泛着绿色，到即将开放时就会变白；等到完全绽开后，你会看到，花蕾白色的外层部分呈现为花瓶状，裂成好几片。这些有颜色的外层部分——在百合花上为白色——叫做"花冠"（*corolla*），而不是一般人所以为的花；因为花由好几个部分组成，花冠只是其中最主要的一个部分。

　　正如你能轻易观察到的，百合花的花冠并不是一整片。当百合花凋零时，六个零散的小片会洒落下来，这些小片就叫做花瓣。因此，百合花的花冠是由六片花瓣组成。对于所有的花朵而言，如果花冠由数片花瓣构成，我们就称之为离瓣的（*polypetalous*）花冠；如果花冠是单个的一整

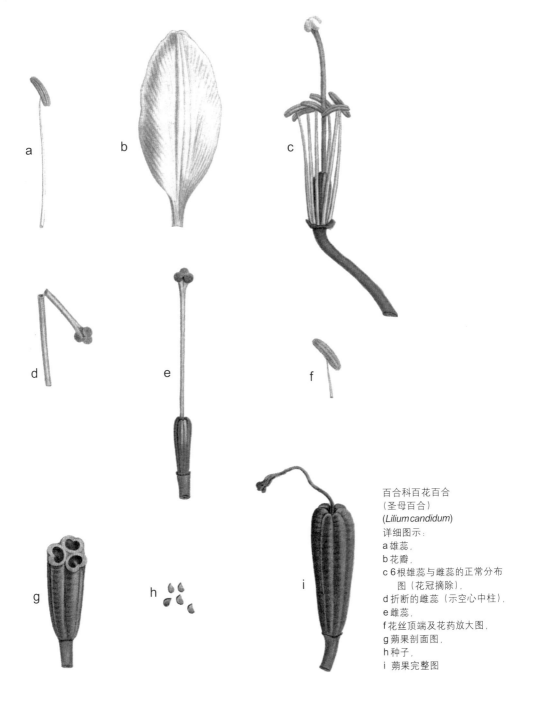

百合科百花百合
（圣母百合）
(*Lilium candidum*)

详细图示：

a 雄蕊，

b 花瓣，

c 6根雄蕊与雌蕊的正常分布
图（花冠摘除），

d 折断的雌蕊（示空心中柱），

e 雌蕊，

f 花丝顶端及花药放大图，

g 蒴果剖面图，

h 种子，

i 蒴果完整图

片，比如说像 *Convolvulus*，也就是我们所知的旋花植物那样，我们就称之为合瓣的（*monopetalous*）。现在，让我们回到百合花。

在花冠中，恰好就在正中间的位置，你会看到一种小柱体，它附着在花的基部，并且笔直向上伸出。从整体来说，这根小柱叫做雌蕊；就各部分来说，它又分为三部分：

第一部分，是具有三个圆角的膨胀的圆柱形底部。这个基座叫做胚胎，或者子房。

第二部分，是从子房上伸出的一根线。这根线叫做花柱。

第三部分，则是扣在花柱顶上的一个具有三个小凹缺的头状物。这个头状物叫做柱头。以上就是雌蕊的构成及其三个部分。

在雌蕊和花冠之间，你还会看到六根相当独特的部件，这些部件就叫雄蕊。每根雄蕊由两部分构成，其中较细弱的部分被称为花丝，雄蕊就是通过花丝附着在花冠基部；花丝顶端比较厚重的部分，则叫做花药（*anther*）。每个花药都是一个小盒子，成熟时就会打开，释放出一种具有浓烈香味的黄色粉末。关于这个我们稍后再说。迄今为止，这些粉末还没有法文名字；植物学家称之为 *pollen*[1]，也就是粉尘的意思。

以上就是对花的各部分所做的粗略分析。当花冠萎谢并飘落时，种子头部膨胀，变成一种极瘦长的三角形小囊，小囊里面装有扁平的种子，分隔在三个种子室内。这个在种子外面起到保护作用的小囊，就叫做果皮。不过，在这里我暂时不对果实进行分析，那将是下一封信中要谈的问题。

在多数其他植物的花中，也能找到我刚才提到的这些部件，只是相对比例、位置和数量均有所变化。我们正是依据这些部件之间的类比关系，以及这些部件形成的不同组合，才能将植物王国中不同的科区别开来。而

---

1 即"花粉"。关于卢梭为何不用这个词，参见后面的《词典》。

百合科黄阿福花
（*Asphodelus lutea*）

鸢尾科番红花
(*Crocus sativus L.*)

且，花朵各部件的类比关系，与植物其他部分看似无关的那些类比关系是相互关联的。譬如，雄蕊数目为6个，有时仅为3个；花被具有6瓣或是裂成6片；果皮三角状，具有三小室；这些就决定了整个百合科的特征；而且，在这个数目最为繁多的科中，所有成员的根部都多多少少呈现为引人注目的洋葱头状，或是球状[1]，并因形式和构成的不同而稍有变化。在百合属植物中，球茎由相互重叠的鳞片组成；在阿福花属（*Asphodel*）中，则形似一簇瘦长的块根；在番红花属（*Saffron*）[2]中，是一上一下摞着的两个球茎；而在秋水仙属（*colchicum*）中，则是肩并肩挨着的；但不管怎么说，[百合花类植物的根]始终是球状的。

　　我之所以选择百合花，既是因为这种花正处在花期，也是因为它本身及其组成部分都比较大，比较便于观察。然而，百合花缺少完整花必备的一个本质要素：花萼。花萼也就是花朵上绿色的部分，它通常裂成五片小叶，支托并围绕在花冠基部。在花朵绽放之前，花萼严严实实地覆盖在花冠之上，就像你可能在玫瑰花上见过的那样。花萼几乎是所有其他花朵的组成部分之一，然而百合科大多数成员的花中都不具备花萼，例如郁金香，风信子，水仙，晚香玉[3]等，甚至还有洋葱、韭葱和大蒜[4]——它们也是真正的百合科成员，尽管初看起来似乎迥然不同。你还会注意到，在这整个科中，所有植物的茎均为单生，鲜有分枝，叶片完整且绝无齿缺，这些观察能证实这个科的植物花和果实与其他部分之间的类比关系。

　　如果你花点心思探寻这些细微之处，并通过反复观察逐渐熟悉，你就能凭借细致而持久的观察来判断一株植物是否属于百合科，哪怕你并不知

---

1 这里所说的"球状物"并不总是根，可能是根状茎、球茎或鳞茎。

2 番红花现在归为鸢尾科植物。

3 现代植物分类学将水仙和晚香玉归为石蒜科。石蒜科与百合科的主要区别在于石蒜科有伞形花序，下位子房，另外化学成分上也有差别（Gibbs，1974）。

4 葱属在哈钦松系统中属于石蒜科，在恩格勒系统中属于百合科。一些学者从化学成分上分析，认为将葱属归入百合科较为合适。塔赫他间系统将葱属升为葱科（Alliaceae）。

石蒜科水仙
(*Narcissus tazetta*)

石蒜科晚香玉
(*Polianthes tuberosa*)

百合科蒜
(*Allium sativum*)

道这种植物的名称。你将会看到，这不再是一件简单的记忆工作，而是一项真正值得博物学家去从事的研究。你不必一开始就将这些全部转告令爱，甚至在以后，当你已经开始接近植物界的奥秘时，你也用不着告诉她；你只需要在与她的年龄和性别相适应的限度内，逐渐启发她并引导她亲自去探索，而不是将这些灌输给她。

　　亲爱的表妹，再会。如果这通篇赘言还合你的意，我随时听候你的差遣。我等着小东西的消息。[1]

---

1 按照德莱塞尔夫人的意愿，早期版本中并没有出现最后一句。这句话不是写给她的女儿，即这一指导课程的接受者，而是写给她的儿子儒勒斯 - 让 - 雅克（Jules-Jean-Jacques）。

第二封信

1771 年 10 月 18 日

　　亲爱的表妹，虽然关于植物基本结构的定义十分模糊，但你已经掌握得很好，你敏锐的眼睛已经能够辨识整个百合科中所有植物的相似性；另外，由于我们亲爱的小植物学家喜欢花冠和花瓣，我建议你们学习另一个科的植物，这将有助于她温习现有的那一点知识。我承认，这项任务可能难度稍大一些，因为这一科植物的花朵更小，叶形也更为多变。不过，这种学习将给她以及你本人带来同样多的乐趣，至少，当你沿着我为你描绘出的这条"花径"漫步时，或许能获得和我一样多的快乐。

　　在花园里，当春日的第一缕阳光洒在风信子、郁金香、水仙、长寿花以及铃兰上时（这些植物的特征你已经很熟悉了），阳光也将照亮你前进的道路；其他的花卉，例如桂竹香和紫花南芥很快就会抓住你的视线，诱使你进一步去观察。如果你看到重瓣花，不要浪费时间去观察，这些都是变态花。或者，如果你愿意的话，我们可以称之为"被我们按照自己的奇思妙想修饰过的"。在这些花中，自然已经不复存在；她拒绝在这些变形的怪物中现身；因为，花中最炫目的部分，即花冠数量的增加是以那些更

十字花科紫花南芥
(*Hesperis matronalis*)

糖芥（*Erysimum bungei*），十字花科。于北京。

紫花碎米荠（*Cardamine tangutorum*），十字花科。于四川。

十字花科桂竹香
(*Cheriranthus cheiri*):
a 花瓣,
b 摘除花瓣的花,
c 摘除花瓣和花萼的花,
d 雄蕊,
e 雌蕊,
f 长角果

重要的器官为代价的，在绚烂的外表之下，那些器官已经消失了。

因此，我们不妨选择一株普通桂竹香的花朵来好好研究一下。首先，你会看到一层外围部分，也就是花萼，这是百合科植物的花中所不具有的。桂竹香的花萼分裂为四片，就像花冠裂成几片一样，但是，由于没有类似"花瓣"这样适当的名称，我们通常把这些小片简单地称为叶或者小叶。[1]四片小叶通常并不均等，而是两大两小交错分布，其中较大的小叶外围有膨大的突起，基部也明显更宽大。

你会看到，花萼里面有一层由四片花瓣构成的花冠（关于花瓣的颜色，此处略去不谈，因为这并不属于花的本质特征）。每片花瓣与花杆或花萼基部相连接处狭窄的浅色部分，在植物学上叫做"瓣爪"，而伸出于花萼之外，更宽大、颜色更鲜艳的部分，则叫做"檐部"。

在花冠中央有一根细长的雌蕊，呈圆柱形或近似圆柱形，其顶端为一根极其短小的花柱，花柱顶端则是一个椭圆形柱头，柱头两裂，也就是说裂为两片，分别向两边弯曲。

如果仔细观察一下花萼和花冠各部分的分布，你会注意到，花萼上的小叶并非恰好与花瓣相对应，而是每两片小叶中间长出一片花瓣。这样，花萼上的小叶正好对着花瓣之间的空隙。在每种花中，只要花冠上花瓣的数量与花萼上小叶的数量相等，就会呈现出这种交替分布的构造。

最后我们还要讨论一下雄蕊。你会发现，桂竹香的花也像百合科的花一样，雄蕊数目为6个，但是这6个雄蕊并非等长，也不是长短交替；你会看到，只有两根雄蕊彼此相对而生，而且明显短于另外的四根雄蕊，而那四根雄蕊又分别形成两对。

在此我将不去深入探讨雄蕊的结构和分布；不过我想提醒你注意：如果你仔细观察，你会发现为什么这两根雄蕊比其他的雄蕊短，萼片中为什

---

1 现代植物学中称之为花萼。

十字花科岩芥
(*Cochlearia officinalis*)

么又有两片小叶显得更圆——或者,用更别扭的植物学术语来说,为什么另两片小叶更为扁平。

虽然我们已经完成对桂竹香花朵的分析,但关于它的故事还不能就此结束。我们必须一直等到花冠凋零:这只是一眨眼的功夫,随后我们就能观察到雌蕊会变成什么。正如我们之前说过的,雌蕊由子房(或果皮)、花丝和花柱构成。随着果实逐渐生长成熟,子房本身相应地伸长,并略微隆起。等到子房(或者说果实)成熟时,它就会变成一种扁平荚果,也就是所谓的"长角果"(Siliqua)。

这种角果由两片相对的瓣膜结合而成,中间隔着一层非常薄的膜,也就是"隔膜"(septum)[1]。

当果实完全成熟时,瓣膜自下往上地开裂,将里面的种子暴露出来,瓣膜的顶端则依然连接在柱头上。

随后,我们会看见排列在隔膜两侧的扁圆种子。如果留意观察种子连接的方式,我们会发现,每粒种子都通过一根短短的梗,左右交替地连在隔膜的缝合线上。所谓缝合线,也就是瓣膜的两条边。借助于缝合线,在瓣膜裂开之前,种子就像被缝在上面一样。

亲爱的表妹,我甚为惶恐,这段长篇大论或许让你有些倦怠了。但是我必须如此,才能让你了解十字花科(或者说花朵形状为十字形的植物)这个数目众多的家族之本质特征。在所有植物学家的分类系统中,这个科几乎都构成完整的一类;而且,虽说在眼下没有图片对照的情况下,我这段描述有些难以理解,但我相信,当你结合实际观察去细心领会时,会清楚得多。

十字花科包含的植物种类数目极其繁多,因此植物学家把它们分成了

---

1 角果最初是一室的,在果实成熟过程中自两边的侧膜胎座各向内生出一薄膜,在子房室内相遇并融合在一起,将角果分隔成为二室(假二室)。这种从子房室内壁生出的隔膜在植物学上叫作"假隔膜(false septum)",不能等同于由心皮侧壁互相连合而形成的隔膜。

两组。这两组植物尽管在花的形态结构上非常相似，在果实上却表现出显著的差异。

第一组由具有长角果的十字花科植物组成，例如我刚才提到过的桂竹香，紫花南芥，豆瓣菜，甘蓝，欧洲油菜，芜菁，白芥等。

第二组由具有短角果（*silicula*）的十字花科植物组成，这些植物的角果不仅小而且短，长宽几乎相当，内部种子的分隔方式也与长角果大不一样；这类植物中的代表有：家独行菜，又称绿独行菜（*Field Pepperwort* 或 *Natou*）[1]；菥蓂（*Thlaspi*，园艺家称 *Taraspi*）；岩芥（*Cochlearia*）；还有银扇草（*Lunaria*）。银扇草的荚果虽然很大，但仍然属于短角果，因为其长度几乎不超过宽度。如果你既不熟悉家独行菜，也不熟悉岩芥、菥蓂和银扇草，我想你至少知道荠菜，这种东西是花园里极其常见的杂草。你瞧，荠菜就是一种具有三角形短角果的十字花科植物。你只要知道这一点，下次再见到其他植物的时候，大概就能有一些概念了。

不过，现在应该让你喘口气了。在季节的变化允许你将这些知识付诸实践之前，我希望，如果关于十字花科我还有什么重要之处需要论述、而这封信中尚未谈及的，在接下来几封信里我能再写一些。不过，现在也许正是时候提醒你注意：在这个科以及其他一些植物中，你常常会看到很多比桂竹香的花更小的花朵，有时候小得我们根本无法审视其各个部分——除非借助放大镜，这种仪器是任何植物学家都不可缺少的，其重要性远甚于针和剪刀。

我一想到你那种母性的热情会给你带来多大的动力，眼前就浮现出一幅动人的情景：我那美丽的表妹正忙着用放大镜观察一堆花儿，而她本人比那些花儿还要鲜妍、明媚和可爱一百倍呢。

表妹，再会了，我们下次再谈。

---

1 "*Nasitord*"也称"绿独行菜"。"*Natou*"没有直接对应的英文名称。这些植物属于"*Lepidium campestre*"，这个种与家独行菜或"cresson alénois"（*L.sativum*）属于同一个属。

十字花科荠
(*Capsella bursa-pastoris*)

第三封信

1772年5月16日

  亲爱的表妹，尽管你在第二封来信中并未提及我上次的回函，但我估计你已经收到了。对于你这次信中提到的那件令我深为关切的事情，我想说的是，我希望令堂[1]业已痊愈，平平安安地动身去瑞士了。我相信你不会忘记告诉我此次旅行以及她即将接受的沐浴疗法所起到的效果。你上次说唐特·朱利耶（Tante Julie）[2]打算同她一起去，因此我已托付吉耶内先生[3]替我将为朱利耶制作的小标本集[4]带去，他马上要回瓦尔‐德‐特拉韦尔（Val‐de‐Travers）去。我在收信栏上填写了你的地址，这样，她不在的时候，你可以替她收下并且拿去用，只要这堆杂乱的枝叶中有什么你用得上的。另外我要多说一句，我并没有表示这件小东西归你所有。你有权支使那个制作标本的人，在我所认识的人当中，你对他来说是最有支配

---

1 朱利安娜·玛丽亚·布瓦·德·拉图尔（Julianne-Maria Boy de La Tour）。
2 德莱塞尔夫人的姐妹。
3 弗雷德里克·吉耶内（Frédéric Guyenet）。
4 这份标本现存于苏黎世中央图书馆。

苦马豆(*Swainsonia salsula*),也叫红花苦豆子,豆科,于内蒙古。

权、也最最可亲的;但是这些干花标本,是令妹陪我前往德瓦格十字古堡 (La Croix de Vague) 考察植物时我就答应给她的。我们在韦兹(Vaise)和"奶奶"[1]一起外出漫步的时候(那时我的脚步,还有我这颗心,都无不遵从你的指示),你一心想要的也正是这样一件东西。我很惭愧拖了这么久未曾如实兑现诺言。但是不管怎么说,她先于你得到我的允诺,就这点来说,她享有优先权。至于你,亲爱的表妹,如果说我没有承诺亲手为你制作一份压制干花标本,那是因为我想给你一份更珍贵的礼物,也就是

1 卢梭给德莱塞尔夫人最小的妹妹伊丽莎白起的绰号。

云南甘草(*Glycyrrhiza yunnanensis*),豆科。于云南。

令爱亲手制作的标本——只要你继续陪着她从事这项优雅而迷人的研究,观察大自然中有趣的现象,以此充实空闲时光,而不像其他人那样无所事事甚或更糟。现在,让我们重新拾起上次中断了的主题:植物的科。

我打算首先给你描述六个科,以便让你熟悉植物各个重要组成部分的总体结构。你现在已经认识了两个科,接下来,还有四个科需要你去耐心学习。然后,我们将暂时撇开这棵巨大的科系树上其他分枝,转向观察植物结实系统的各个不同部分。这样可以保证,尽管你认识的植物种类可能不多,但你会发现,在植物王国的种种奇观中,绝不会出现你所未知的领域。

不过我得提醒你,如果你去学习书本上标准的命名系统,那你会知道很多植物名称,却几乎得不到任何观念;你学到的东西将会一片混乱;你将无法轻松地理解我或是其他人的思路,你所获得的最多只是一种言词知识(knowledge of words)。亲爱的表妹,在这个领域,我以作为你唯一的导师而骄傲。等到适当的时候,我会给你推荐一些参考书。但在此之前,你要有耐心,要满足于仅仅阅读自然这本大书,并且只以我的通信为指导。

豌豆花现在正处在盛季。让我们抓紧时间研究它们的特征,这是植物界中所能见到的最神奇的现象之一。大体来说,所有的花都可以划分为两

豆科豌豆
(*Pisum sativum*)

类：整齐花（regular）和不整齐花（irregular）。在前一种花中，所有的组成部分都从中心规则地伸出，最外层部分的边缘正好构成一个圆的圆周。这种规整性意味着，当我们观看这种类型的花朵时，它既没有上下之分，也没有左右之分；前面考察过的两个科正是如此。但是你一眼就能看出，豌豆花属于不整齐花；我们很容易分辨出花冠中较长的部分，这一部分应该是在上面；较短的部分则在下面。

观看这样的花朵时，无论是正着拿还是倒着拿，我们一眼就能分辨出上下。因此，在审视一朵不整齐花时，我们谈到花的"上下"，始终是就这朵花的自然位置而言。[1]

由于这一科植物的花具有一种非常独特的结构，我们有必要摘取一些豌豆花来逐一解剖，以便依次研究所有的组成部分；不仅如此，我们还必须追踪豌豆花结果的全部过程，从花蕾初绽，一直到果实渐成。

你会发现，花萼是单片的（*Monophyllous*），也就是说，它是单独的一整片，末端分离，形成五个截然分明的裂片，其中上面两片相对较宽，下面三片则相对较窄。花萼向下弯曲，支托在下面的花梗也是如此。花梗极为纤细，也非常灵活，因此，豌豆花极易随风摇摆，在大雨中，它常常会翻转过来，俯身向下。

检查完花萼，我们小心地将其摘除，动作要轻柔，以便使花的其余部分保持完好，这样你就能清楚地看到，豌豆花的花冠是离瓣的。

花冠的主要部分是一片宽大的花瓣，这片花瓣覆盖在其他部分之上，位于花冠的最上方。正因为此，这片大花瓣[在法语中]被称为"亭阁瓣"。[2]人们也称之为"旗瓣"。一个人只要不曾关闭眼睛和心灵的窗户，就一定不会观察不到：这片花瓣好像一把保护伞，能使藏在下面的东西免遭恶劣天气的戕害。

---

1 所谓"自然位置"，即正向的。
2 "pavilion"，这一称呼仅用于法语中。

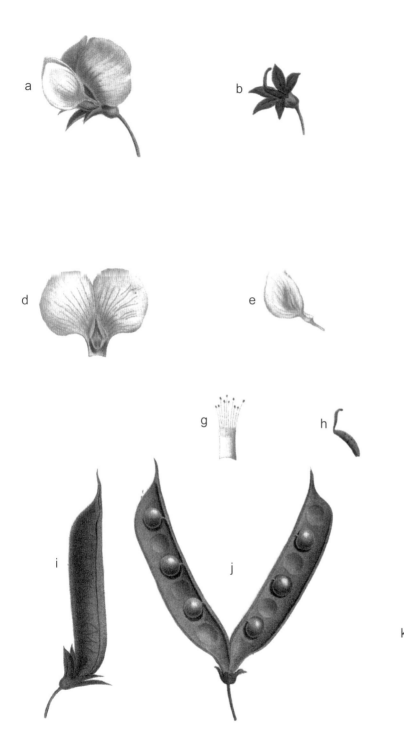

豌豆花详细图示
a 完整的花，
b 花萼和子房
  （摘除花瓣和雄蕊），
c 摘除萼片的花朵
d 旗瓣展开图，
e 翼瓣，
f 龙骨瓣，
g 雄蕊束展开图，
h 子房，
i 荚果，
j 荚果剖开图，
k 种子（豌豆）

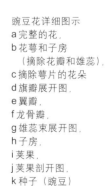

像处理花萼一样，以同样方式摘掉旗瓣，这时候你会发现，侧翼的两片花瓣上各有一个小小的垫子，支撑于旗瓣两侧，这样即使在大风中，旗瓣也能岿然不动。

旗瓣被摘除后，侧翼那两片着生在垫子上的花瓣就暴露出来了。这两片花瓣叫做"翼瓣"。你会发现，翼瓣生得更为结实，不费点力气，还真没办法把它同花的剩余部分剥离开来。因此，翼瓣在侧翼为花朵提供的保护，丝毫不逊色于旗瓣在花朵上方发挥的作用。

摘除翼瓣后，你就能看到花冠上最后一片花瓣了；这一部分别具匠心地从下面伸出来，覆盖并保卫着花朵的中心部位，就像另外三片从上方和侧翼小心翼翼地环抱花心的花瓣一样。这最后一片花瓣因形状奇特而被命名为"龙骨瓣"。龙骨瓣就像一个坚固的保险箱，大自然把自己的宝藏安放在里面，防止受到风雨侵袭。

全面细致地对这片花瓣进行过检查之后，轻轻抓住花瓣基部窄小的部分，也就是"龙骨"[1]，小心地将花瓣摘下来，以免破坏了隐藏在里面的东西。此时此刻，当这最后一片花瓣被拽下来、被迫暴露出它的秘密时，我相信你一定会忍不住发出一声惊喜的赞叹。

位于龙骨瓣庇护之下的幼嫩果实是以这样一种方式构成的：一个圆柱形的膜状物，环抱着子房，即荚果的胚胎。膜状物的末端形成极其分明的10根细线，这就是花中的众多雄蕊。10个雄蕊基部围绕子房聚合成一体，雄蕊顶部末端处，则长着相应数目的黄色花药。花药中的花粉将会给雌蕊顶端的柱头授精。雌蕊虽然也被上面沾染的花粉混成了黄色，但从形态和粗细上，不难将它同雄蕊区分开来。就这样，10根雄蕊在子房周围形成最后一个防护层，确保子房不受外界伤害。

---

1 法文为quille，英文中翻译为"keel"，几乎与之同义的 *nacelle*（或 *carène*）一词则译为"carina"。根据史蒂芬（Peter Stevens）的说法，卢梭"对作为整体的龙骨瓣（keel）与龙骨瓣（carina）的边缘作出了某种区别"，但这仅为一家之言。

豆科金雀儿
(*Sarothamnusscoparius=Cytisus scoparius*)

如果你的观察足够细致，你会发现10根雄蕊的基部只是看起来连接成一个整体。因为在圆柱形结构的上半部分，有一根雄蕊初看起来似乎与其他雄蕊相连，但等到花朵绽放、果实长成的时候，这根雄蕊会分离出来，上面留出一个空隙，使膨胀的果实得以从中挤出，逐渐撑开并扩展这个圆柱体。如若不然，这个圆柱体就会阻碍并扼制果实的生长和成熟。如果花还没开到一定的时候，你是不会看到这根雄蕊从圆柱体上脱离出来的；不过，在靠近花托处的雄蕊基部，你能找到两个小洞，用针从洞里穿过去，你就会看到，随着针的刺入，这根雄蕊连同其顶端花药，马上与另外9根分开了。剩下的9根雄蕊将继续保持整体状态，一直到凋零干枯。到那时，受精的胚胎已经变成一枚荚果，不再需要它们了。

豌豆花中随着子房的成熟逐渐形成的这种荚果，并不同于十字花科植物的长角果。区别在于，长角果的种子交替生长在隔膜两侧的裂缝线上，而在荚果中，种子仅生长在一侧。也就是说，只附着在其中一边的裂缝线上。诚然，种子是交替生长在组成荚果的两片果荚上，但是它们始终连接在同一侧的裂缝线上。你只要同时剥开一枚豌豆荚果和一枚桂竹香长角果（务必保证两枚果实都没有完全成熟，以便剥开时种子仍然通过种子柄附着在裂缝线和子房室上），就会完全理解这种差异。

亲爱的表妹，如果我的表述足够清楚，你一定会体会到，大自然聚集了何等神奇的防护手段来确保豌豆的胚胎生长成熟——尤其是，在雨量最大时保护它不受致命的潮气侵袭，与此同时，又不必用一层厚重的壳把它裹在里面，因为那样就会把它变成另一种果实。至高无上的创造者关照着一切生灵的生存，他花费大量心血，对植物结实的整个过程提供保护，使其免受种种可能的危险；不过，他似乎对那些能为人类和动物提供粮食的植物，比如大多数豆科植物给予了加倍的爱护。豆科植物的花叫做"蝶形花"（*papilionaceous*），因为它们的外形与蝴蝶似乎有某些相似之处。蝶形花通常具有一片旗瓣、两片翼瓣以及一片龙骨瓣。也就是说，它们通常

豆科紫花苜蓿
(*Medicago sativa*)

豆科红车轴草
(*Trifolium pratense*)

具有四片不整齐花瓣。但是，在豆科某些属的花中，龙骨瓣纵向分裂为两片，基部几乎连在一起，这类花实际上有五片花瓣；而在其他植物，诸如红车轴草的花中，所有花瓣都连成一片，它们虽然也是蝶形花，但却是单瓣的。

　　蝶形花科植物，或称豆科植物，是数目最多、用处也最大的一个科。其中有蚕豆类、金雀儿类、苜蓿类、岩黄耆类、小扁豆类、野豌豆类、野生豆类，以及豆类，这些植物的特征是花中具有一片螺旋状旋转的龙骨瓣，乍一看，你可能还以为是偶然所致。豆科中也包含一些木本植物，其中包括一种通常所谓的"金合欢"，但它并非真正的金合欢。[1]木蓝和甘草也属于豆科。不过，这些我们将在以后进一步详谈。亲爱的表妹，再见。我拥抱你所珍爱的一切。

1　指洋槐(*Robinia pseudoacacia* L.)，其英文俗名为"假金合欢"(False Acacia)，洋槐实际上是豆科刺槐属，而不是金合欢属。

豆科洋槐（刺槐）
(*Robinia psedoacacia*)

豆科木蓝
(*Indigofera tinctoria*)

第四封信

1772年6月19日

亲爱的表妹，你已经缓解了我的忧虑；但令堂坐下来写信时感觉到胃痛和腹痛复发，这依然令我忧心不已。如果只是胆病发作，旅行和沐浴疗法将足以让她恢复过来；但是我很担心，其中可能有某些与当地环境相关的因素，那就很难克服了；而且即便痊愈后，也还需要她自己多加小心。我希望你一旦得到这次旅行的消息就马上告诉我；我迫切希望令堂写信给我，不过我希望，那只是为了告诉我她已完全康复的消息。

我实在不知道为什么你尚未收到那本压花标本。我以为唐特·朱利耶已经走了，所以才委托吉耶内先生在经过第戎（Dijon）时把包裹带给你。现在我只能确定，东西既没有交到你手上，也没有交到你几位姊妹手上。我实在想象不出那包东西可能会流落到何处。

让我们来说说植物吧。现在正是时候，有很多花等着你去观察。我上次提到的关于十字花科植物雄蕊的问题，你回答得完全正确。这也让我看到，你已经完全明白我的意思，或者毋宁说，你已经把我的话完全听进去了；因为，你只需认真听就能弄明白。你已经给出了非常清楚的解释：在

深蓝鼠尾草(*Salvia guaranitica*)，
唇形科，于北京。

黄芩(*Scutellaria baicalensis*)，
唇形科，于北京。

桂竹香的花中，花萼两片小叶上的凸起，以及两根相对短小的雄蕊，都是由于这两根雄蕊的弯曲造成的。不过，你还需要再往前一步，才能弄清这种构造的真正原因。

　　如果进一步探寻这两根雄蕊为何弯曲进而导致缩短，你会发现，在花托上，位于雄蕊和胚胎之间，嵌着一个小小的腺体[1]；正是这个腺体使雄蕊被挤到一边，迫使雄蕊呈现出弧度，从而必然就缩短了。在同一个花托上，还有另外两个腺体，分别位于两对较长的雄蕊根部；然而这两个腺体全然不曾向外挤压雄蕊，因而也并未导致雄蕊缩短。归根到底，其原因在于：这两个腺体不像前两个腺体那样长在里面，也就是说，不是长在雄蕊和胚胎之间，而是长在外面，位于两对较长的雄蕊和花萼之间。这样一来，这四根雄蕊笔直朝上生长，超出于那两根向下弯曲的雄蕊。因此，它们之所以看起来更长，是因为它们长得更直。在所有十字花科植物的花中，我

　　1 即蜜腺。

藓生马先蒿（*Pedicularis muscicola*），
玄参科，于青海。

柳穿鱼（*Linaria vulgaris subsp.
sinensis*），玄参科，于河北。

们几乎都能多少明显地看到这四个腺体，或者至少是腺体的痕迹。某些种
类的植物花中腺体甚至比桂竹香花更为明显。如果你现在还不明白这些腺
体存在的意义，那么我告诉你：它们是自然为了使植物界与动物界相互交
融、合为一体而创设的机制之一。[1] 不过，现在说这些尚为时过早，我们
暂时撇开这些问题，回到我们所要学习的那几个科。

　　到目前为止，我给你描述过的全都是离瓣花。或许我本该从具有整齐
花冠的合瓣花开始讲起，那些花的结构要简单得多。可恰恰是这种简单性
让我改变了主意。整齐的合瓣花所构成的可远不止一个科，而是一整个庞
大的族群，从中可以列举出好几个截然不同的科。在这种情况下，要是把
这些植物全都囊括在一个共同的名称之下，我们就会不得不采用一个极其
概括而且模糊的术语。那样一来，我们可能好像在说点什么，但实际相当
于什么也没说。所以，我们最好把范围限制在更窄小的领域内，以便给出

1 在这里卢梭指的是昆虫以蜜腺为食的情况。

唇形科鼠尾草
(*Salvia offcinalis*)

更精准的定义。

　　在具有不整齐合瓣花冠的植物中，有一类植物的形态极其独特，以至于我们仅凭外观就能轻而易举地认出其中的成员。那就是我们通常所谓的"唇形花"植物，因为这类花的花瓣裂为两片唇形，其裂缝无论是天生的，还是用手指稍加挤压才呈现出的，看上去都酷似一对张开的嘴唇。这类植物下面又分两派，或者说是两个阵营：[1]一类是唇形花（*labiate*），另一类是*personate*，或者叫假面花，拉丁语中*persona*一词意思是"面具"，这个名字正好适用于我们当中大多数人，也就是所谓的"*persons*"。这整个大类的共同特征不仅在于花冠均为单瓣，而且正如我所说，花冠都裂为两片，形成唇形或爪形花瓣，上面一片叫做盔瓣，下面一片则叫做唇瓣，此外，花中都具有4根雄蕊。这4根雄蕊排列整齐，几乎处于同一条直线上，且分别组成明显不同的两对：一对稍长，另一对较短。细致观察这些花朵本身，就能极其清楚地阐明这些特征，远胜于任何描述。

　　首先，我们来观察一下唇形花植物。作为其中一个例子，我很乐意向你推荐鼠尾草。几乎在任何一个花园里，我们都能找到这种植物。不过，鼠尾草花的雄蕊结构十分稀奇古怪，以致一些植物学家把它排除在唇形花之外，尽管把它放在唇形花类似乎符合它的自然位置。这样一来，我不得不在野芝麻属，尤其是通常所谓的短柄荨麻这个种中另找一个例子。不过，植物学家更喜欢把这个种叫做短柄野芝麻，因为它虽然叶形酷似荨麻，但在结实器官这方面却没有任何共同之处。短柄野芝麻在各地都十分常见，花期很长，因此你应该不难找到。我就不停下来描述花朵精致的排列方式了，仅限于论述花的构造。短柄野芝麻具有唇形的合瓣花，其中盔瓣为凹形，弯曲成拱顶形式，覆盖着花中的其余的部分，尤其是雄蕊。那4根雄蕊全都紧密地抱成一团，处于盔瓣的庇护之下。你很容易看出，4

1　卢梭所说的两类植物分别对应于"唇形科"（*Labiatae*）和"玄参科"（*Scrophulariaceae*）。这两个科的植物中雄蕊多为4根。

唇形科短柄野芝麻
(*Lamium album*).
a 完整的花.
b 花萼.
c 花冠.
d 雄蕊.
e 雌蕊.
f 子房

根雄蕊中有一对较长，另一对较短，而位于4根雄蕊中间的花柱，虽然颜色与雄蕊一样，但也不难分辨出来：其独特之处在于顶端分叉，而不是像雄蕊那样顶端附生花药。瓣须，也就是下方的唇瓣盘绕蜷曲并垂向下方，这种构造使我们几乎一眼就能看见花冠的深处。在野芝麻属植物的花中，瓣须沿着中轴向下纵裂，但在其他唇形科植物中则并非如此。

如果你摘掉野芝麻花的花冠，就会连带着把雄蕊也扯下来，因为雄蕊通过花丝连接在花冠之上，而不是生长在花托上。这样，当你扯掉花冠后，残留在花托上的就只有花柱了。通过查看其他花中雄蕊的连接方式，我们会发现，在具有合瓣花冠的花中，雄蕊通常连在花萼上；而在具有离瓣花冠的花中，雄蕊通常生长在花托上。因此，对于后一种情况，摘掉花瓣而不损坏雄蕊是有可能的。根据这种现象，我们可以制定出一个简洁方便、甚至相当可靠的规则，用以分清一朵花的花冠是单独的一片，还是好几片。即使在一时难以确定的情况下，我们也能依照这一规则来加以鉴定。

摘除花冠后，基部会出现一个洞，这是因为，花冠生长在花托上，中间留有一个圆形的孔，雌蕊及其周围部分正是通过这个孔伸进花筒和花冠中。在野芝麻属和所有其他唇形花植物的花中，雌蕊周围都有四个胚体，这四个胚体将变成四粒裸露的种子[1]。也就是说，种子外面没有种皮包被。这样，当种子成熟时，它们就会脱离出来，撒落在地面上。这些均为唇形花植物的特征。

另一阵营，或者说另外一派，也就是假面花植物，与唇形花植物的首要区别在于花冠：在假面花植物的花中，两片唇瓣并非规整地裂开或形成裂缝，而是闭合相连，正如你可能在园艺上所谓的金鱼草属植物中所见到

---

1 这里所说的"裸露的种子"实际为四小坚果。唇形科植物果实的果皮与种皮很难分离，因此卢梭把这些果实称为种子。现代农业上有时也用种子来指称果实。
2 金鱼草在法文中有好几个名字，如*Gueule de loup*，*Muflier*，*Mufle de veau*，*Mufflande*和*Mufleau*。

玄参科金鱼草
(*Anitirrhinum majus*)

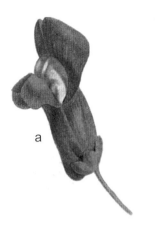

a

b

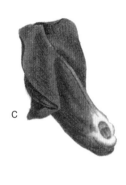

c

d

e

f

金鱼草详细图示:
a 完整的花,
b 花萼和花柱,
c 花冠背面视图,
d 花冠剖面视图,
e 雄蕊,
f 雌蕊,
g 蒴果,
h 蒴果剖面视图,
i 蒴果纵向剖面视图

g

h

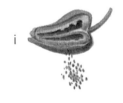

i

唇形科欧夏至草
(*Marrubium vulgare*)

的那样。[2] 再不然，在柳穿鱼属植物（*Linaria*）的花中也可以看到。在这个时节，乡下到处都是这种有矩的黄色花朵。不过，假面花植物还有一个更为精确、可靠的区别之处：所有假面花植物都不像唇形花植物那样从花萼基部长出四颗裸露的种子，而且具有一个充满种子的蒴果。只有种子足够成熟后，蒴果才会裂开并释放出种子。除以上特点之外，我还想补充一条：唇形花类的大多数成员要么是好闻的芳香植物，比如牛至、马郁兰、百里香、野百里香、罗勒、薄荷、牛膝草、薰衣草之类；要么是难闻的臭味植物，比如野芝麻属的一些种，以及水苏、毒马草和欧夏至草；其中只有极少数植物，如筋骨草、夏枯草和黄芩没有任何气味。而另一方面，假面花植物则多数没什么气味，例如金鱼草、柳穿鱼、小米草、马先蒿、佛甲草、列当、假柳穿鱼[1]，圆叶柳穿鱼和毛地黄；在这个分支中，我几乎不知道有哪种植物具有特殊的气味，单只玄参属的植物闻起来略微有些发臭，但也没什么香味。在此我只能给你列举这些，你现在很可能都不认识，不过慢慢就认识了。在遇到这类植物时，你至少能自己辨认出它是属于这一科的。我甚至希望你能试着通过外部形态特征来确认这类植物，我也期盼你发挥自己的判断力，在看到带唇瓣的花朵时，仅凭第一眼就能看出它属于唇形花类，还是假面花类。花冠的外在形态足以指引你作出判断，随后，你可以摘除花冠并观察花萼基部，从而加以验证。如果你判断正确，那朵被你指认为唇形花类的花中将显露出四颗裸露的种子，而被你指认为假面花类的那朵花中则会显露出一层果皮；如果结果正好相反，那就表明你判断失误了。不过，通过反复观察同一株植物，你将能避免下次再犯类似错误。亲爱的表妹，要完成这些工作，你需要多出去走走。我希望用不着拖延太久就能让你准备好接受接下来的课程。

上次我向你垂询的地址，你还没有告诉我。此外，请接受我与内子对你最诚挚的友谊。

1 有些地方译作"常春藤叶柳穿鱼"或"蔓柳穿鱼"，但此种并非柳穿鱼属，按照现代植物分类学家汪劲武先生的意见，译作"假柳穿鱼"。

玄参科毛地黄
(*Digitalis purpurea*)
又称洋地黄

玄参科假柳穿鱼
(*Cymbalaria muralis*)

第五封信

1772年7月16日

亲爱的表妹，多谢你给我带来令堂那边的好消息。我一直希望，随着气候变化，她的身体能有所好转；我同样希望，沐浴以及严格遵循医生开出的食疗法——这一点更为重要——也会起到显著的疗效。有她那样一位好心肠的朋友记挂着，这实在令我感动。我恳请你替我谢谢她。不过老实说，我真的不希望她在瑞士休养期间给我写信。如果她想直接让我得知她的近况，她身边有一个很好的秘书[1]可以尽善尽美地执行这一任务。令妹在瑞士的表现十分成功，对此我与其说是惊讶，毋宁说是欢喜；除了她的年龄以及她那活泼可爱的欢乐之情所具有的魅力，她天性中还有一种深层的温雅与平和，我时常看到她在"奶奶"面前迷人的表现，这无疑也是得自于你的。如果令妹在瑞士定居下来，你们相互都会失去生活中一个重要的密友，尤其对她来说，这一损失将是难以弥补的。

而你可怜的妈妈，哪怕就在隔壁，她都会如此强烈地感觉到与你们的

| 1 德莱赛夫人的妹妹，作者称她"唐特·朱利耶"。

分离，一旦要与令妹天涯相隔，她将如何承受呢？正是从你那里，她将获得力量和安慰。你在用你那双温柔的手塑造你最珍爱的女儿这块好料子时，也是在为令堂准备一份最珍贵的礼物。我一点也不怀疑：在你的细心呵护下，令爱将兼具完美的品质，以及无比的优雅。哦，表妹，令堂是一位多么幸福的母亲！她的几位公子，品性自不必说都是一样地令人信赖，这一点千真万确，而且是众所周知的。更叫人觉得稀罕的却是，三位小姊妹在一切方面都是如此的完美，以至于要指出三人共有的优点，倒是比挑出其中任何一位的不足更容易些。

你知道吗，我现在有点担心那本小小的压化标本册了。我没有收到任何消息，尽管吉耶内先生到家后，我确实从他太太那里得到了他的消息，可是关于吉耶内先生是否提到过那册标本集，他太太一个字也没说。我已经写信去问了，现在正等着他的回信。[1] 我非常担心，他可能没有经过里昂，因此把包裹托付给了别的什么人，而那个人知道是些干花干草，也许就当一包干草处理了。但是，如果——我仍然抱有希望——这本标本册最终送到你或令妹朱利耶的手上，你会发现我是花了一番心思的。这个损失虽然不大，我一时间却也不可能轻易弥补，尤其是考虑到目录问题：我在里面附了很多相关的小注解，而且都没有留备份。

亲爱的表妹，如果你没有看到十字花科花中的腺体，千万不要沮丧。在这项观察上，那些善于观察的人植物学家也并不比你出色。图尔内福[2]本人根本没提到过这些腺体。尽管在所有十字花科植物的花中，几乎都能找到腺体的痕迹，但是只有在极少数类属中，我们才能看到明显的凸起；通过分析花朵的横断面，发现花托上总有些不规则的地方，进而在详细检查中发现大多数属的花中都有腺体，我们才能经由类比推出：即使在一些

---

1 欧特凡格（Kate Ottevanger）英译本中为"写信去问她"、库克（Alxandra Cook）英译本中为"他"。

2 约瑟夫·皮顿·德·图尔内福（Joseph Pitton de Tournefort，1656-1708），法国植物学家，著有《植物学原理》（*Eléments de botanique ou Méthode pour conndître les plantes*）。

当归（*Angelica sinensis*），伞形科，于河北。

葛缕子（*Carum carvi*），
伞形科，于河北。

无法明显辨识出腺体的花中，也有腺体存在。

　　我知道，花费如此多的精力，而不去学习我们所研究的植物的名字，这是很令人沮丧的；但是我向你坦白承认：我根本没打算让你免除这种小苦恼。有人说过，植物学只不过是一门"词语的科学"，这门学科仅仅是一种记忆训练，只能教给我们植物的名字。就我而言，我不知道，如果一项研究只是单纯的"词语的科学"，那它还有何价值可言；天可怜见，我应当将植物学家的称号授予哪一类人：是看到一棵植物时能报出一个名称或者一串词语，而对植物结构一无所知的人呢，还是虽然完全了解植物的结构、却对某地强加给植物的那类极其随意的名字毫无了解的人？如果我们仅仅给你的孩子们提供一种有趣的消遣，那就忽略了计划中更重要的部

a 　b

伞形科野胡萝卜
(*Daucus carota*)
a花　b果实

分，亦即在让他们获得乐趣的同时，也锻炼他们的智力，培养他们认真观察的能力。在教他们如何去为自己看到的东西命名之前，让我们先从教他们如何"去看"入手吧。这门科学在所有的教育体系中都被遗忘了，然而，它应当构成这些体系中最重要的原则。这一点怎么重申都不为过。要教他们永远不要满足于词语，而且要让他们相信，仅仅记住某物，并不能对事物获得丝毫了解。

话又说回来，即便如此，为了不至于太不近人情，我还是会告诉你一些周围植物的名字。当你见到这些植物时，你可以很方便地对我的描述加以验证。我估计，你在阅读我对唇形科植物的剖析时，眼前并没有一株短柄野芝麻；但是你只需到街角的草药医生那里去，买一些刚采回来不久的短柄野芝麻，对照实物来阅读我的描述，然后采用我们接下来要谈到的方法对植物的其余部分进行审视，你就会非常了解短柄野芝麻，甚至比那位卖给你东西的草药医生这辈子知道的都多；而且，我们很快就能想到办法，无需再去找草药医生。但是首先，我们必须完成关于植物"科"的学习。现在我将开始讲述第五个科，眼下这个时候，这一科的植物正处在盛花期。

你要想象眼前有一根既长且直的茎，上面长有互生的叶子，叶缘通常有极细的锯齿，叶片基部抱茎，茎从叶腋中生长出来；茎的顶端就好像一个圆心，许多根花梗，或者说辐条从中心往外辐射，就像一把阳伞的骨架一般展开来，呈现为规则的圆形，在茎的上方撑起一个形似阔口花瓶的冠盖。有些情况下，这些辐条的中心留出一块空白区域，那就更像个中空的花瓶了；也有时候，中间部位分布着一些长度较短、往上延伸的倾角也更小的辐条，这些辐条装点着花瓶，与外围部分联合起来，形成一种近似于上表面凸起的半球形状态。

有时候，每根辐条或者说花梗的顶端并不都是花，而是另一组更小的辐条，这些小辐条撑在大辐条上面，就像大辐条撑在茎干上面一样。

花冠：
a 下位花：琉璃草属，b 上位花：风轮草属，c 莲座花型：接骨木属，d 石竹类的花瓣，
e 贯叶连翘的花，f 基部有矩的唇形花：柳穿鱼属，g 岩蔷薇属植物的花瓣

因此，这里有两组相似且连续的结构：一组大辐条生长在茎的末端，一组形态相似的小辐条又相应地生长在每根大辐条的末端。那些小阳伞上的辐条没有进一步形成分枝，但每一根小辐条都是一朵小花的花梗。接下来我们很快就会讲到这些。

如果你能在脑子里想象一下我刚才描述的情形，你就会形成一个概念：这就是伞形科植物（*umbrelliferous*，字面意思即"具有伞的"，因为拉丁语中 *umbella* 就是伞的意思）的花序排列方式。

尽管这种规整的花序结构十分惹人注目，而且在所有伞形科植物中表现为相当稳定的性状，但是这并不构成伞形科植物的本质特征。这一花序形式实际由花的本质结构衍生而来。现在，我必须为你描述一下这种结构。

但是为了讲述得更清楚，我应当告诉你一种概要的划分法，即依据花和果实的相对位置来对所有植物进行划分。无论你愿意选择哪种分类系统，这种划分法都能给系统带来极大的便利。[1]

在大多数植物，比如石竹属植物的花中，子房都明显被包在花冠里面。对于这类花，我们称之为下位花，因为包被在子房外面的花瓣是从子房下面的某个地方生长出来的。[2]

在其他植物中（这类植物为数还不少），我们发现子房并不在花瓣里面，而是位于其下方；这一点你在蔷薇花中就能见到：在花萼下方，你所看到的肿大的绿色部分，就是蔷薇果（hip），亦即蔷薇的果实，因此蔷薇花的子房是生长在花冠的下面。也就是说，花冠位于上方，而不是包在子房外面。我将把这类花称为上位花[3]，因为这种花的花冠居于果实之上。我们可以发明出更多"法语化"的词语；不过在我看来，似乎最好是始终尽

---

1 这里卢梭指的是当时各种相竞争的植物分类系统、其中占据最主要地位的是林奈和裕苏（Jussieus）的分类系统。
2 注意：在现代术语中，这类植物的结构被称为子房上位。
3 即子房下位。

伞形科茴香
(*Foeniculum vulgare*)

可能贴近植物学中常用的术语，这样你不必学习拉丁语或希腊语，就可以相当不错地理解这门学科的词汇。那些学究气十足地从拉丁语和希腊语中衍生出来的词语，弄得好像一个人要认识植物，首先还得成为一名渊博的语法学家一样。

依据花的相对位置，图尔内福做出过同样的划分，不过他采用的是另一套术语：在描述下位花时，他说"雌蕊变成了果实"；而对于上位花，他说"花萼变成了果实"。这种表达方式可能同样清楚明白，但无疑不是十分准确。不过，对于你的几位小学生而言，这似乎倒是个好机会，可以让他们在适当的时候，练习一下如何分辨以截然不同的术语表述出来的相似观念。

现在我将告诉你，伞形科植物的花为上位花，或者说，花冠位于果实的上面。伞形科植物的花冠具有五片所谓的整齐花瓣，尽管在那些位于伞形边缘的花中，最靠近外缘的两片花瓣通常比另外三片更大一些。

依据属的不同，花瓣形态也有所变化，不过以心形花瓣最为常见；花瓣的爪部生长在子房上，形状极狭；瓣部变宽，边缘微凹（emarginate，稍具圆齿的），或是末尾有个小尖，向后反卷过来，使花瓣依旧呈现为一种微凹的形态，不过，如果把它抻直，我们会看到花瓣的末端是尖的。

每两片花瓣之间有一根雄蕊，雄蕊的花药伸出于花冠之外，使五枚雄蕊比花瓣更为显眼。在这里我将不谈花萼，因为伞形科植物花中的花萼并不明显。

从花朵中心伸出的两根花柱看起来十分醒目，每根花柱上各有一个柱头；当花瓣和雄蕊凋零后，这两根花柱将会依然残留在果实的顶上。

伞形科植物的果实最常见形状为略长的椭圆形，果实成熟时从中间一分为二地裂开，呈现出两颗裸露的种子[1]，分别悬挂在果柄上；而果柄凭借某种神奇的机制，也像果实一样一分为二，分别悬挂两颗瘦果，直至果

| [1] 所谓"裸露的种子"、实际为瘦果。类似情况见"第四封信"。

忍冬科西洋接骨木
(*Sambucus nigra*)

实凋落。[1]

这些部分都随植物属类的不同而有所变化，不过以上面所说的情形最为常见。我承认，如果不借助放大镜，我们必须具有一双极其专注的眼睛，才能够分辨出这些极其微小的东西；然而，它们是如此值得我们去关注，没有人会为此吝惜精力。

因此，伞形科植物独有的特征就是以下这些：上位花冠，花瓣5片，雄蕊5枚，花柱2个，连接着一颗裸露的双悬果（*dispermous*）。所谓双悬果，就是指由两个分果彼此结合在一起而形成的果实。

无论何时，当你发现一株植物具备这些特征，而且具有伞形花序时，你就可以确定它是伞形科植物，即使它在结构上与我们前面描述过的那些植物没有任何共同之处。同时，如果你发现一棵植物的花序吻合我所描述的伞形结构，但是经过更细致的检查发现情况相悖，那你也能肯定自己弄错了。

如果有可能，比如说，就在读完我这封信之后，你出去散步，遇见路边一株正在开花的接骨木，我几乎敢肯定，你第一眼会说，这是一种伞形科植物。你再看一看，又会发现一个大伞形花序，一个小伞形花序，白色的小花，还有上位的花冠和5根雄蕊；这几乎就可以确定是伞形科植物了。但是，让我们再来审视一番。我摘下一朵花。

首先，我看到的不是5片花瓣：接骨木的花冠虽然分成5个裂片，但却是连成一整块。你瞧，伞形科植物的花可不是合瓣花。接骨木的花中的确有5根雄蕊，但是我并没有看到花柱；此外我还看见，花中的柱头是3个而不是2个；同时，花的里面往往有3颗种子，而不是2颗种子。但伞形科植物肯定是2个柱头，绝不多也不少；每朵花中肯定也是2颗种子，不多也不少。最后，接骨木的果实是柔软的浆果，伞形科植物的果实却是

---

[1] 伞形科植物的果实成熟后心皮分离成2个分果，分果悬挂在心皮柄上端，心皮柄的基部与果梗相连。因此这里所谓的柄并非"果柄"而是"心皮柄"。

伞形科田野刺芹
(*Eryngium campestre*)

叶:
a 洋槐,
b 梨,
c 芸香科柑橘属
(*Citrus*),
d 豆科苜蓿属
(*Medicago* Linn.),
e 豆科车轴草属
(*Trifolium* L.)

干燥的瘦果。因此，接骨木并非伞形科植物。

如果你回过头来更加仔细地观察一下接骨木花朵排列的方式，你会发现，它与伞形科植物的花序只是表面相似：花序中那轮大辐条并非正好从同一中心辐射开去，而是有的从稍高处伸出，有的从稍低处伸出；小辐条甚至更不规则。从这些方面来说，接骨木的花都不符合伞形科植物惯常的结构。接骨木这种花序结构属于伞房花序（*corymb*）或者簇状花序，而不是伞形花序。就这样，有时候犯点错误，也有助于我们学会更准确地进行观察。

相反，刺芹几乎一点也不像伞形科植物；可它偏偏却是，因为它的花序正符合伞形花序的全部特征。你会问我，在哪儿能找到刺芹呢？田野里随处可见。公路边上到处铺满了刺芹，任何一个乡下人都能给你指出来。而且，刺芹叶子带有蓝色或者海绿色，叶上具有坚硬的刺，叶面平滑、革质，如同羊皮纸一样。依据这些，你差不多自己都能辨认出来。不过，我们可以忽略这种桀骜不驯的植物；它不够漂亮，至少不足以弥补你在观察它时它对你造成的伤害；而且，即便这种植物再漂亮一百倍，我的小表妹若是用她纤细敏感的小手指去握这样一种性情粗劣的植物，也会马上被刺痛的。

伞形科植物数目众多，而且很自然地形成一类，因此要分清其中的属非常困难：它们就像极其相像的兄弟，通常让人难分彼此。为了帮助认识，人们做出了一些宽泛的区分。这些区分有时是有用的，但是我们不能过于依赖其中任何一种。大伞形花序和小伞形花序上辐条的聚集点并不总是裸露的；有时候，聚集点下面包着一圈小叶，就像轴环一样。这些小叶被命名为"总苞"（*involucre*）。当大伞形花序下面具有一个轴环时，这个轴环叫作大总苞；与此相对，偶尔出现在那些小伞形花序下方的轴环，则被称为小总苞。随之就有了三种伞形科植物：

第一种，具有一个大总苞和多个小总苞的。

伞形科毒参
（*Conium maculatum*），
也叫芹叶钩吻，俗名毒芹

第二种，只具有小总苞的。

第三种，大小总苞都不具有的。

看起来似乎还应该存在第四种，即具有一个大总苞但不具有小总苞的；但是，在我们所知道的属中，还没有哪一种符合这类情况。

亲爱的表妹，正是你的显著进步和你的耐心使我备受鼓舞，以至于我胆敢不顾你的感受，在描述伞形科植物时居然连一种代表植物也不给你看；这想必需要你加倍集中注意力。不过我确信，你在读完我这封信并看过一两遍之后，如果遇见一株正在开花的伞形科植物，一定不会认不出来；而且在每年的这个时节，你肯定能在花园里或是野外找到许多伞形科植物。

大多数伞形科植物的花都是白色。例如胡萝卜，细叶芹，欧芹，毒参，白芷，峨参，欧泽芹，茴芹，毒细叶芹，海茴香等。

也有少数种类，如茴香、莳萝和欧防风的花均为黄色；还有一些种类的花色稍微偏红，除此之外，就再没有其他颜色了。

你可能会告诉我，这让我们对伞形科植物有了一个很好的总体认识；但是仅凭这些模糊的信息，如何能保证你不至于弄混我刚才一并提到的毒芹、细叶芹和欧芹呢？在这点上，我们学到的一切，还不及一名最普通的厨师懂的多，他比我们更清楚。你说得没错。但是，如果一开始就从观察细节入手，我们很快会被铺天盖地的信息淹没，记忆力会辜负我们。在向着这个浩瀚王国进发的途中，我们将刚迈出头几步就晕头转向；反之，如果我们从最易辨识的主干道开始，就不大可能迷失在小道中，而且随时都能轻而易举地找到前进的方向。不过，鉴于这些植物在生活中具有重要的作用，也为了避免在探索植物王国时因缺乏知识而吃下一份"毒芹煎鸡蛋"，我们就破一次例吧。

庭园栽培的矮小的毒芹，如同欧芹和细叶芹一样，也是一种伞形科植物。同后两种植物一样，毒芹具有白色的花朵（欧芹花稍微偏淡黄色。不

伞形科金色细叶芹
(*Chaerophyllum aureum*)

过，有些伞形科植物的花朵只是因为子房和花药的原因而呈现出黄色，花瓣依然为白色）；毒芹和细叶芹都属于具有一个小总苞而无大总苞的类别；它们的叶片相似度极高，以至于我很难为你写出它们之间的差异。不过，依据以下几点特征，我保证你可以确认无虞。

对这三种不同的植物，我们必须从观察花的形态入手；因为毒芹独有的特征就体现在花朵上。在毒芹的花中，每个小伞形花序下面均有一个由三小叶构成的小总苞，小叶末端尖锐，颇长，三小叶均向内翻卷。[1]相比之下，细叶芹小伞形上的小叶环抱一周，并均匀地朝各个方向翻卷。至于欧芹，其伞形花序下只有极少量短小、细如毛发的小叶，随机分布在大伞形花序以及那些透明而稀疏的小伞形花序下方。

当你对毒芹的花有了充分的把握后，你可以轻轻搓揉毒芹的叶子，通过闻气味来证实你的鉴定；它那股刺鼻的毒气会阻止你将其与欧芹或细叶芹混淆：后面这两种都具有一种好闻的气味。最后，在你确定不会将这三者弄混之后，再统一进行检查，分别观察它们所有的组成部分在各个生长阶段的形态特征。尤其要注意的是叶形，因为叶片在性状上比花朵表现得更为稳定；通过这种审视、对照和反复观察，直至一眼就能确认，你将学会如何准确无误地分辨和认识毒芹。正是这样，学习将我们带到了实践的大门口，而在此之后，实践将使学习事半功倍。

亲爱的表妹，深呼一口气吧，阅读这封信的确是很累人的。而且我几乎不敢向你保证我在下一封信中会更有节制；但是在此之后，我们的前方将是开满鲜花的大道。就凭你决意跟随我穿越这片灌木丛时所表现出的温柔与坚毅，你也理应得到一顶花冠，而绝不至于陷入荆棘之中。

1 欧特凡格英译本中为"向外翻卷"，此处参照库克的英译本。

花序结构：
a 伞形花序：胡萝卜，
b 单生花：石竹，
c 圆锥花序：粟，
d 聚伞花序：接骨木

第六封信

1773年5月2日[1]

　　亲爱的表妹，虽然还需要做大量工作，你才能完全理解前五个科的植物，而且我一直不知道，怎样才能使我的描述更加便于我们年幼的植物学爱好者理解，但是我自以为还是给了你一个大概的印象，让你在短短几个月的植物学学习中得以了解每个科的总体形态。这样，你在看到一株植物的时候，多少能猜测它是否属于这五个科中的一种，如果是的话，又是哪一种。如果你总能做到这一点，接下来你就可以通过分析花序来证实推测正确与否。就拿伞形科植物来说吧，它们虽然会给你造成一些混乱，但只要你愿意，你就能凭借我在叙述中提到的细节特征来摆脱这些误区。毕竟，胡萝卜和欧芹非常普通，在盛夏的菜园里，辨认出一株开花的胡萝卜或者欧芹，是最简单不过的事情。你只需漫不经心地扫一眼伞形花序，以及具有这种花序的植物，就能形成一个极其清晰的概念，以至于当你第一

1　高德（Godet）和布瓦·德·拉图尔将这封信放在"八封通信"系列中的第七封。但是卢梭本人在信的开头明确表示"之前关于标本制作的信函，就不要插入这一系列中了，那样会打乱我早先构想的顺序"。

菊科雏菊
(*Bellis perennis*)

羽叶千里光(*Senecio argunensis*)，菊科。于河北。

次见到某种伞形科植物时，你几乎不可能认错。到目前为止，这是我唯一的目标，因为暂时我们还不会涉及到属和种。此外，我要再说一遍，我希望你所掌握的，不是一种鹦鹉学舌式的给植物命名的能力，而是一门真正的科学，而且是能陶冶我们情操的、最令人愉悦的学问之一。现在，在踏上一条更为系统的道路之前，我将继续讲述第六个科。一开始，这个科可能会让你觉得迷惑，即便不比伞形科更麻烦，也相差无几了。不过，我目前的想法仅仅是让你对这一科的植物形成一个总体概念。何况，在这类植物的盛花期到来之前，我们还有大量时间。如果充分利用这段间隙，我们将能避免很多不必要的麻烦。

摘一朵花吧，每年这个时候，草地上都铺满了这种小花。在这一带，人们叫它"雏菊"、"小玛格丽特"，或者就叫"玛格丽特"。[1]你可一定要仔细观察；因为我敢担保，等到我告诉你真相的时候，你一定会大吃一惊：

---

[1] 玛格丽特（*Argyranthemum frutescens*），别称蓬蒿菊、木春菊、法兰西菊、小牛眼菊，相传16世纪时期法国威亚尔的公主玛格丽特十分喜爱这种小白花，故以自己的名字命名。有时人们也称雏菊（*Belis perennis*）为小玛格丽特。

火媒草(*Olgaea leucophylla*)，菊科。于内蒙古。

这种小花虽然看起来极其小巧雅致，可实际上它由两、三百朵花组成，其中每一朵花都是完整的。也就是说，每朵花都具有自己的花冠、种子、雌蕊、雄蕊和花粉。简而言之，每朵花都完美无缺，就像一朵风信子或是一朵百合花一样。在雏菊花外围形成一圈花环的那些小片，正面为白色，背面为粉红色。你可能会以为它们是许多小小的花瓣，事实上，每一片都是一朵真正的花。在花的中心部位，你所观察到的那些黄色小筒，一开始可能会被你当作雄蕊，其实它们同样是真正的花。如果你的手指已经能娴熟地从事植物解剖，并且你已经具备一把清晰的放大镜，以及大量的耐心，那么我将能让你通过亲眼所见的证据相信这是事实。但就目前而言，在起步阶段，你必须听从我的指导（如果你愿意的话），而不要把精力分散于细枝末节之中。不过，为了让你多少形成一点概念，我们从花环上摘下一小片。初看起来，你会以为这个小片从头到尾都是扁平的；但是好好研究一下小片与雏菊花头相连接的部分，你会看到，它的末端并不是扁平的，而是圆形的，并且形成一个中空的筒，筒中伸出一根顶端二分叉的小细丝。这根细丝就是花中叉状的花柱，而这朵花，正如你所见，只有顶端是扁平的。

现在来看看雏菊花朵中间的黄色小筒，我方才已经告诉过你，这些小筒本身也是花：倘若花已经开到一定的程度，你会看到，圆盘周围一些黄

菊科菊苣
(*Cichorium intybus*)

色小筒的中心已经打开，甚至裂成了好几片。这些花都是合瓣花，它们正在绽放。你只需借助一把放大镜，就能轻而易举地辨认出花中的雌蕊，甚至能看到围绕在雌蕊周边的花药。通常，圆盘中心的小黄花依然是圆形的小花苞。它们同其他部分一样是花，只是尚未开放。因为这些小花只能从周边开始，向着中心渐次开放。这足以形象地为你展示出这样一种可能性：雏菊花上所有的组成部分，无论是白色的还是黄色的小片，实际上都是许许多多完整的花；这种现象是始终如一的。不过你会看到，这些小花全都簇成一团，被一个共同的花萼——即雏菊花的花萼——包在里面。如果将整朵雏菊花视为单独一朵花，我们将给它一个非常适当的名字：聚合花（*Composite flower*）。你瞧，有很多属和很多种类的植物花朵都像雏菊花一样，由包裹在共同花萼里的一簇更小的花朵组合而成。这类植物所组成的，就是我想要为你讲解的第六个科，即菊科（*Composite flowers*）[1]。

首先，让我们避开关于词语"花"的一切模糊不清的定义，在目前所谈到的科中，只对"聚合花"保留这个词，对构成聚合花的那些小部件，则称小花（*florets*）。不过我们不要忘了，准确来说，这些小花本身也是许许多多真正的花。

在雏菊花中，你已经看到了两种类型的小花：居于花朵中间的黄色小花，以及围绕在周边的窄小白色舌状或带状小花。放大来看，前者与铃兰或者风信子花形态非常相似，后者则有几分酷似忍冬花。为了区别起见，我们将继续用管状花（*florets*）来称呼第一种花，而对第二种，则冠之以舌状花（*demi-florets*）的称号，因为它们确实很像被切掉了一边的合瓣花，剩下的那一小条几乎难以构成半边花冠。[2]

在菊科植物的花中，两种小花分别形成不同的组合，由此，我们或许

1　"Composite"本义为"聚合"。
2　*demi-floret* 字面意思为"半小花"。此处的"小花"和"半小花"分别对应于管状花和舌状花；下文分类中第一组即舌状花亚科（*Cichorioideae*）、第二组和第三组共同构成管状花亚科（*Asteroideae*）。

菊科植物的花：a 舌状花类，b、i 管状花类，c 边花，d 单体雄性管状花，e 单体雌性舌状花，f 不育的管状花，g 两性舌状花，h 两性管状花，k 具有子房和冠毛的管状花，l 管状花，m 有柄的冠毛，n 无柄的冠毛，o 共同花萼上的苞片，p 花托

能将这个科划分为截然不同的三个组。

第一组是花朵中心和边缘部位都仅包含边花或者说舌状花的植物，这类植物叫做舌状花植物；在这类植物中，整朵花的花色通常是单一的，且以黄色最为常见。蒲公英就属于其中一种；此外还有生菜，菊苣（这种植物的花为蓝色），鸦葱，婆罗门参等。

第二组是管状花植物，这些植物的花中仅包含管状花，花色通常也是单一的。这一组中的例子有蜡菊、牛蒡、苦艾、蒿属、蓟属和菊芋类植物。菊芋本身也是一种蓟，我们在菊芋花芽刚露、花朵尚未开放甚至尚未成型时采食它的花萼和花托。人们从菊芋花朵中间摘除的那些绒毛，正是即将长成型的小花束；这些小花相互间由长在花托上的长毛分隔开来。

第三组植物的花由两种类型的小花组合而成。无一例外地，所有管状花均居于中间，舌状花则组成周边或外围部分，正如你在雏菊花中已经见过的那样。这类植物的花被称为"辐射状花"（radiate），因为植物学家已经将"边花"（rays）这个名字赋予菊科花朵中由带状花（或舌状花）构成的外围部分。至于花的中心部位——那里长满了管状花——则被称为"心花"（disk）；有时植物学家们也用同一个词"花盘"（disk）来指称花托表面——所有的管状花和舌状花都生长在花托上面。在辐射状花中，通常心花是一种颜色，边花又是一种颜色；不过，在有些属和种的植物中，心花与边花也是同一花色。

现在，我们来尽力让你脑子里形成的有关菊科植物的概念进一步清晰化。眼下，常见的三叶草正处在花期；它的花为紫色。如果碰巧遇见一株，你极有可能一见这么多小花攒聚在一起，就倾向于将其视为一朵聚合花。那你可能就错了。为什么呢？因为聚合花并不仅仅是许多朵小花的聚合体；除此以外，花序中还必须有一两个为全部小花所共有的组成部分。也就是说，所有小花共同拥有这两个部分，没有任何一朵小花享有专属于自己的。这两个共有的部分，就是花萼和花托。诚然，乍眼看来，三叶草

菊科药用蒲公英
(*Taraxacum officinale*)

的花——或者毋宁说是一团花簇,但是看起来就像一朵——似乎是长在同一个花萼之上;但是,将这个所谓的花萼稍稍往外扒拉开,你就会看到,花萼根本没有与花朵接触,而是连接在花朵下面支托花朵的花梗上。因此,这个虚有其表的花萼根本不是花萼;它只是托叶的一部分,不是花的组成部分;这朵所谓的"花",实际上也不过是豆科植物一群极小的花朵汇聚在一起形成的,其中每朵花都有专属于自身的花萼。这些花除了着生在同一根花梗上之外,别无其他共有之物。然而,人们习惯于把它们当作一朵单独的花。这种观念是错误的。如果我们坚持要把这样一簇花视为一朵花,那至少不能称之为聚合花,而只能称聚生花(*flos aggregatus*, *flos capitatus* 或 *capitulum*)。的确,植物学家偶尔也在这个意义上使用这些术语。

亲爱的表妹,关于这一科,或者毋宁说菊科这一大类,以及其中分出的三组或三类,我已尽可能给了你一个最简单、最直观的概念。现在,我必须向你描述这一类植物独特的花序结构,这或许有助于我们更准确地确定其特有的属性。

菊科花朵中最重要的组成部分是花托,花托上最初生长着管状花和舌状花,随后就会结出种子。花托是个相当大的花盘,它位于花萼中间,就像你在蒲公英花中所见的那样。下面我们就以蒲公英为例。在所有菊科植物的花中,花萼通常都深裂为几片,裂隙几乎达到底部。因此,在果实渐趋成熟的过程中,花萼能合拢、张开、再反卷,而不至于被撕裂。蒲公英的花萼由内外两层小叶组成;位于外层的那些小叶支托着里层的小叶,并朝花梗方向往外弯折,里层小叶则依然平直地展开,环绕并护卫着构成花朵的那些舌状花。

在这类植物的花中,最常见的花萼形式被称为"覆瓦状"(*imbricate*)。也就是说,花萼由好几层小叶组成,层层相覆盖,就像屋顶上的瓦片一样。菊芋,矢车菊,黑矢车菊和鸦葱等均为具有覆瓦状花萼的例子。

被包裹在花萼里面的那些管状花和舌状花极其密集地挤在花盘或花托上，如同棋盘上的方格一样交错分布。有时这些小花彼此接触，中间没有任何阻隔；有时它们彼此分离，中间隔着纤毛形成的阻碍物或是细小的鳞片。在种子凋落后，这些鳞片仍会附着在花托上。现在，你在观察花萼和花托的差异上已经入门了。接下来我们将讨论管状花和舌状花的结构，先来说前者。

每朵管状花都是一朵合瓣花，通常为整齐花，花冠顶端具4至5裂。雄蕊花丝5根，附着在花冠筒的内壁上。这5根花丝顶端结合在一起，形成一个小小的圆筒，将雌蕊环绕在内——这个小筒只不过是5个花药或雄蕊聚成一圈所构成的联合体。在植物学家看来，这种雄蕊的聚合形式构成菊科植物的本质特征，而且，这种形式仅见于管状花，其他类型则不然。因此，即便你发现数朵花开在同一个花盘上，就像蓝盆花属植物和川断续属植物那样，如果花药并非聚合成筒状笼罩在雌蕊周围，花冠也并非着生在一颗裸露的种子[1]上，那么这些花不是管状花，也不会构成菊花。反之，如果你发现一朵花的花药聚合成一体，花冠上位，并且长在一颗种子上，那么，这朵花即便只是单个的一朵，也将是真正的管状花，并且属于菊科这一科。较之颇具欺骗性的外表，精确的结构形式可以让我们更好地确定这一科的特征。

雌蕊具有一根通常高出于管状花冠的花柱，在花冠上面，我们可以看到花柱从花药围成的小筒中伸出来。在最常见的情况下，花柱顶端有一个分叉的柱头，我们很容易看到上面的两个小角。

再来看基部，雌蕊并非直接着生在花托上，筒状花冠也同样如此，二者均通过种子着生在花托之上，种子就像它们的锚点一样。随着管状花的枯萎，种子逐渐生长并增大，最后变成瘦瘦长长的一颗，附着在花托上，

1 所谓"裸露的种子"实际为瘦果。卢梭在信中多处用种子来指称果实。

川断续属紫盆花
(*Scabiosa atropurpurea*)

直至完全成熟。接着，如果种子是裸露的，它会撒落下来；如果种子上面具有一绺冠毛，它就会随风飘走。花托将残留下来——在有些属的植物中，花托是光秃裸露的，在另一些属的植物中，则有鳞片或细毛覆盖。

舌状花的结构与管状花相似；雄蕊、雌蕊和种子的排列方式均大体一样，只是在某些属的边花中，靠近边缘的舌状花通常都不结实，要么是因为花中缺少雄蕊，要么是因为雄蕊不育，没有能力使种子受精；这样一来，这类花中就只有中间的管状花能结种子。

在菊科这一整个类别中，种子通常都是无柄的（*sessile*）。这就是说，种子直接着生在花托上，中间没有任何相连接的柄。但是，有些种子的尖端附有冠毛，这些冠毛可能是无柄的，也可能通过一根柄连在种子上。你知道，这绺冠毛的目的是为了让种子乘风散开，借着风力飘到远方四处播撒。

除了这些粗浅简略的描述之外，我还想加一句：花朵开放时，花萼通常必然会张开，等到管状花结实并凋落时，花萼再度闭合，将幼嫩的种子拘留在其中，防止种子尚未成熟就撒落出去了。到最后，花萼将再次打开，萼片朝正后方反卷，中间留出一个更为开阔的空间，以便成熟的种子充分膨胀。在蒲公英花中，你肯定经常见到这种情形。到那时候，孩子们会摘下蒲公英的花，使劲吹那些围绕着反卷的花萼簇拥成圆球形的冠毛。

为了更好地认识这一类植物，我们必须一路追踪，从花朵绽开之前，一直到果实完全成熟。正是在这一序列中，我们看到变形和一连串的奇观，这种奇观能引起每一位敏锐的观察者长久的敬慕之情。有一种花非常便于我们观察这种嬗变过程，那就是在果园和花园里经常可以见到的向日葵。正如你所看到的，向日葵是一种辐射状花。为秋日花境增色不少的翠菊，同样是一种辐射状的花。蓟属植物属于管状花类。我之前已经说过，鸦葱和蒲公英属于舌状花类。这些花的花形都比较大，足以供我们进行解剖并用肉眼观察，根本不用耗费太多的精力。

菊科翠菊
(*Aster chinensis*)

关于菊科这一科或者说这一类的植物，我今天不打算讲更多了。我非常担心我已经过分滥用了你的耐心，如果我知道如何表述得更简明一些，这些细节上的描写或许能显得更清楚。但是，对于那些因研究对象的微小所致的麻烦，我是绝对无法避免的。亲爱的表妹，再见。

又：我忍不住要同你交流一下，我在读你上次那封信时觉得有一点疑惑：你当真是自己看出"大玛格丽特"[1]花中的小花吗？我承认，这让我吃惊。即便以你细致的观察和洞察力，你也会自然而然地把花心那些黄色的小点当成众多的雄蕊，同时把外沿那些白色的舌状花当成众多的花瓣。如果是有人指导你看出这一点，我恳请你本着我期望你所具有的那种坦诚，如实地告诉我。如果你的确是自己发现了这一点，而且，如果你的小同伴也用她敏锐的双眼看到了这些，我可以大胆地向你预言，不出几年，你们两人都将——单就你们的性别来说——同波特兰公爵夫人一道，名列于屈指可数的几位真正的植物学家之中。这片大地上的植被，也将很快不再有任何让你们的眼睛觉得陌生的东西。

---

1 这种在法语中被称为"grande marguerite"的花指代好几个种：*Chrysanthemum x superbum*，*C. maximum*，*C. vulgare*、以及 *C. leucanthemum*。英语中对应的名称包括滨菊（*Shata daisy*），牛眼菊（*Oxeye daisy*），学士纽扣（*Bachlor's Buttons*）和玛格丽特（*Marguerite*）。

菊科矢车菊
(*Centaurea cyanus*)

第七封信

日期不详[1774年3月末/4月初]

　　亲爱的表妹，我一直在等你的消息，不过并不焦躁，因为在收到你的上一封信之后，我曾遇见泰西尔先生[1]，承蒙他告知，他从那边过来时，令堂与你们一家都十分健康。我很高兴从你本人那里得到证实，同时也很高兴从你那里得到贡塞鲁姑姑[2]最近的好消息。她美好的祝愿和祈福使我满心欢喜——这颗心几乎已许久不曾体验过这种感情了。在她那儿，我才感觉到这个世界上仍然有我无比珍爱的东西；只要我还有她，无论发生什么，我都会继续热爱生活。现在，我又要利用你一贯对我和她的友善了；在我看来，我那笔小小的款子[3]只有经你的手才能真正体现出价值。如果你深爱的先生很快就要来巴黎的话，我会请求他施恩将这笔年金带去；但是如果他还要稍晚些时间，那么请告诉我还有什么人可以托付的，这样就

---

1 莱夫（Leigh）猜测泰西尔先生（Monsieur Tessier）可能是让·特歇尔（Jean Texier）银行家族的一名成员。
2 苏珊娜·贡塞鲁（Suzanne Goncerut），卢梭幼年时母亲去世后，这位姑姑照顾了他许多年。
3 卢梭每年给他的姑姑寄一笔年金，以报答她当年的恩情。

蔷薇科桃
(*Prunus persica*)

蔷薇科桃
(*Prunus persica*)

不会拖得太久，我也不必像去年那样让你先替我垫付。我知道你那样做是出自好意，但是不到万不得已，我绝对不允许这种事情发生。

亲爱的表妹，你最近寄给我的那些植物，我已经把名称写出来了。对于那些不确定的植物，我在后面加了个问号——因为你没有留意把那些植物的叶子与花一同寄来，对于我这样一个糟糕的植物学家来说，在进行物种鉴定时，叶子通常更为重要。

当你到达弗里埃尔（Fourrière）的时候，你会发现大多数果树都正在开花，我记得你曾经请求我给你一些这方面的指导。由于现在时间很紧，我只能仓促地讲几句，这样就不至于让你再错过一个可以学习这方面知识的季节。

我亲爱的朋友，你一定不要给予植物学一种它本身所不具有的重要性；这是一种纯粹出于好奇的研究，除了一个喜欢思考、心性敏感的人通过观察自然和宇宙的神奇所能得到的快乐之外，它没有任何实际的用处。人类已经生产出很多非自然的东西，以便自己使用起来更方便，这一点无可厚非；然而毫无疑问的是，人类常常是在损毁这些东西；当他自以为是在亲手创作的作品中真正地研究自然时，他其实是自欺欺人。这种谬误在文明社会中尤其盛行；它甚至也出现在花园里。花坛里那些受人瞩目的重瓣花都是畸形的怪物，它们丧失了繁殖后代的能力——这是大自然赋予所有生物的一种能力。人工嫁接的果树基本上也是这种状况：品种最优良的梨和苹果，你把果核种下去，最终将会徒劳无获——从果核里长出的只是野生苗。因此，要想欣赏自然状态下的梨和苹果，千万别去果园，而要到森林里去寻找。森林里的树木结出的果子虽然果肉不那么肥厚多汁，但发育得更好，而且能大量繁殖；树木本身也长得更高大，更具有生机。不过在此我又引出了另一个问题，这可能会让我偏离主题太远。我们还是回到果园里来吧。

果园的树木虽然是经过嫁接的，但花序依然保持着该树种具有的一切

蔷薇科梨
(*Pyrus communis*)
a.摘除花瓣后剩余的部分
b.花瓣

a

b

梨果 薔薇科西洋梨(*Pyrus communis*)

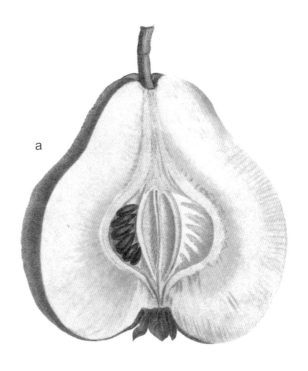

a

b

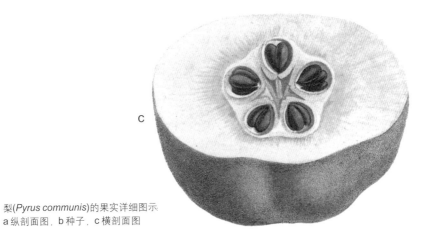

c

梨(*Pyrus communis*)的果实详细图示：
a 纵剖面图，b 种子，c 横剖面图

植物学特征；只有通过仔细研究这些特征及其在人工嫁接下产生的变化，我们才会认识到，比如说，一千多种不同名字的梨，实际上都仅属于一个种（species）。那些依据果实的形状和味道划分出的众多所谓的"种"，实质上都只不过是变种。此外，梨和苹果也只是同一属中的两个种。它们之间唯一真正的本质差异在于，苹果的果柄内嵌到果实之中，梨的果柄则长在果实上突出的瘦长部分上。[1]同样，樱桃的所有变种，例如欧洲甜樱桃、欧洲酸樱桃等，也只是同一个种下不同的变种；[2]所有李树都只构成"李"这一个种。李属（Prunus）这一属中主要包括三个种，也就是真正的李、樱桃以及杏——杏也仅仅是本属下面的一个种。[3]因此，当博学的林奈将李属划分为几个种，分别称为李属-李（Prunus-Plum），李属-樱桃（Prunus-Cherry）和李属-杏（Prunus-Apricot）时，那些无知的人嘲笑他。但是那些观察更为仔细的人却赞赏他这种分类思想以及其他观点的正确性。不过，我们必须接着往下说了；我得抓紧时间。

所有的果树几乎都属于一个庞大的科，这个科的特征很容易掌握：雄蕊多数，不是长在花托上，而是连在花萼上，位于花瓣之间的空隙里；所有的花均为离瓣花，花瓣通常为5片。其中各"属"的主要特征如下：

梨属，也包括苹果和楈梂。花萼合生，具5裂。花冠由5片花瓣组成，附生在花萼上；雄蕊约20根，全部着生在花萼上。种子或子房下位，也就是说位于花冠下方；花柱5根。肉质果实，具有5个种子室，等等。

李属，包括杏、樱桃和桂樱。花萼、花冠和花药均与梨属多少有些相

---

1 现代分类学中梨属（Pyrus）和苹果属（Malus）同属于梨亚科（或称苹果亚科），二者不同点在于：前者花柱全分离、果实多石细胞；后者花柱基部合生、上部分离，果实无石细胞或极少石细胞。
2 这些樱桃"种类"（kind）被称为"栽培种"（cultivars）。
3 几百年来，世界各国植物学家对李属的分类范围颇有争议。林奈在1753年的《植物种志》中把核果类植物分成4属：扁桃属（包括桃和扁桃）、李属（包括杏和李）、樱属、稠李属（包括落叶稠李和常绿桂樱），而在1764年的修订版中改为2属：扁桃属和李属（包括杏、樱和稠李）。现代植物分类学家按照由低级到高级的发展演化过程，初步将核果分成6属：桂樱属、稠李属、樱属、李属、杏属和桃属。

蔷薇科欧洲李
(*Prunus domestica* L.)
的花

蔷薇科欧洲李
(*Prunus domestica* L.)
果实

似。但其种子为下位，也就是说位于花冠里面；而且仅具有1根花柱。果实水质而非肉质，内有果核1枚，等等。

扁桃属，也包括桃。这一属几乎与李属完全一样，不同点仅在于，扁桃属的种子外表光滑；在果实方面，虽然桃的果实柔软，扁桃的果实干硬，但是里面都有一个表面粗糙、布满沟壑的坚硬内核。

以上只是一些粗浅的概述，不过也足够你今年消遣了。亲爱的表妹，再会吧。

随信附上你上次送来的植物：

第11号：*Centaurea jacea*。

棕矢车菊。

第12号：*Campanula rotundifolia*。

圆叶风铃草。

林奈称之为"圆叶的"，尽管其叶片是狭长的；不过，如果你顺着细长的茎往下看，一直看到根部，你会发现，最下面的两片叶子（叫做基生叶）几乎是圆的。

第13号：*Leontodon hirtum*？ [1]

多毛蒲公英?

令我犹豫不决的是，这一名称所指称的那种植物具有叉状的毛，而在这株植物上，我只看到一些不分叉的毛。我只能依据叶子来做出判断，但是标本上没有叶子。

---

1 *Leontodon*，即蒲公英属（*Taraxacum*），有些地方译作狮齿菊属。

第 14 号：*Scabiosa arvensis*。[1]

你已经正确地给出了这种山萝卜属植物的名字，不过，它并不是菊科植物，它的花是一朵聚生花。如果你认真观察花中的雄蕊，你会看到，里面的 4 根雄蕊截然分开，顶端并不是聚合在一起。

第 15 号：*Medicago lupulina*。

紫花苜蓿（*Alfalfa*）的一种，在多芬（Dauphiné）被称为黑苜蓿。

第 16 号：*Campanula glomerata*。

此种为丛生风铃草或聚花风铃草，这一株碰巧只有一朵单生花，而不是像通常那样聚合丛生。

第 17 号：*Saponaria officinalis*。

此种为肥皂草属植物。

第 18 号：*Daucus carota*。[2]

此种为野生胡萝卜，我在以前的一封信里给你寄过这种植物的伞形花序。

第 19 号：*Dactylis glomerata*。[3]

问问朱利耶阿姨，她会说：这是一种草。[4]

第 20 号：*Holcus lanatus*。

绒毛草。另一种草。

第 22 号：*Achillea millefolium*。[5]

蓍。这是一种菊科植物。

第 21 号：*Lotus corniculatus*。

百脉根，可依据其外形以及荚果来判断。

---

1 按照 Jackson 和 Hooker 的观点，这一种名仍然有效，但是《欧洲植物志》并未予以认可，该属名仍然有效。
2 原文中为 *Daucus carotta*。
3 中文名称为鸭茅。
4 此处卢梭是以对孩子说话的口气来称呼朱利耶。
5 原文中为 *Achillia millifolium*。

注：我一时疏忽将上面两个数字调换了位置。

第 23 号：*Galium verum*。

篷子菜。

第 24 号：*Galium molugo*。

白花篷子菜。

第 25 号：*Melissa nepeta*？ [1]

具有薄荷油气味的风轮草？

第 26 号：*Heracleum sphondylium*？

原独活？

第 27 号：*Spiraea filipendula*？ [2]

蚊子草？如果是这种植物的话，你应该很容易就能辨认出来。因为在秋季将根部掘出，可以看到上面有小粒，就像小豌豆一样，通过一些非常松散的线连接在根上。

第 28 号：*Polygonum orientale*。

红蓼。这种植物是外来植物，你肯定不是在乡下找到的。

第 29 号：*Antirrhinum linaria*。[3]

柳穿鱼。

第 30 号：*Borrago officinalis*。

琉璃苣。怎么，表妹，你不认识琉璃苣吗？ [4]

---

1 现更名为*Calamintha mepta*。
2 现更名为*Filipendula vulgaris*。
3 现更名为*Linaria vulgaris*。
4 这种植物在法国既用于烹饪也用于医疗，因此卢梭询问收信人怎么可能不知道这种植物。

第八封信

1773年4月11日 仓促草笔

　　亲爱的表妹，为了你的康复，感谢上帝。我之前一直大为担心，因为你的沉默，还有戈耶先生——我曾经诚挚地请求他一旦到达就给我捎句话，当一个人如此担心的时候，没有什么比沉默更为残酷的了，因为这会使人想到最坏的可能性。不过这一切都过去了，我现在所能感受到的，就是为你的康复而高兴。气候已经好转，在弗里埃尔，你可以更多地出去走动，同时，成功履行那最甜蜜、最有意义的职责所带来的喜悦，将很快使你完全康复；你与夫君暂时别离的悲伤也会减轻，因为你身边有着他对你感情的最珍贵象征——孩子们是多么需要你的关照啊。

　　你知道，眼下我还打算请你费心，像往年一直好心替我办理的那样，把借以表达我问候与情谊的那笔年金送到我姑姑手上。如果你的先生很快就过来，我会请求他帮我带去；不过，由于现在已经拖得太晚，如果他还要再过段时间才来，我希望你能告诉我此间还有什么人可以托付的，这样我就可以尽快把钱送到你那里，不至于让我的好姑姑等得更久。

　　大地开始换上绿装，树木萌芽，花儿也即将开放；有些花甚至都已开败了。在我们的植物学研究中，一刻的耽误就会导致整整一年的延迟；因此我闲话少说，直奔主题。

我担心到目前为止，由于没有结合应用具体的事物，我们这种学习方式可能过于抽象了。在学习伞形科植物时，我所犯的这一错误体现得尤为明显。如果我一开始就给你指出一种伞形科植物，那就免得你去对着一种想象的事物进行最乏味的学习，我自己也省却了一些表述上的麻烦。因为，当我们参照实际的植物时，这些表述将完全没有必要。很不幸，由于坏境强加给我的距离上的阻碍，我没有办法把那些植物指给你看。但是，如果我们各自有一份同样的材料摆在眼前，我们在谈论所考察的植物时，就能更好地理解对方的意思了。唯一的问题是，这份材料必须由你来制备，因为从我这里给你寄干制标本将会毫无意义。我们要恰当地认识一种植物，就必须亲自观察它的生长。干制植物标本对于帮助我们回忆以前认识的植物大有用处，但对于我们学习之前未曾见过的植物，则几乎帮不上什么忙。因此，必须由你来给我寄植物标本：那些都将是你想要了解、并在其生长过程中采集回来的；我的任务则是替你给那些植物定名、分类并加以描述，直到你的眼睛和心灵都已极其熟悉各种比较鉴别技巧，以至于在初次见到一种植物时，你就能自己进行分类、排序和定名——正是这样一种知识将真正的植物学家与本草学家和分类学家区别开来。接下来的问题是学习如何预备、压制和保存植物或者植物上的某些部分，以便你制作出的标本易于辨识和定名。对于我们的小业余植物学家将来要从事的一项重大任务来说，这才只是刚开始。就眼下以及接下来一段时间来说，你必须用自己灵巧的手指协助她笨拙的小手。

首先，你必须购置一些东西：五六刀[1]灰衬纸，以及约同等数量、大小相当的白纸，这些白纸必须具有很好的韧性，质地要上乘，否则植物会

---

1 一令纸的标准数量是五百张，一刀纸是它的二十分之一，即二十五张。但是因不同类型纸的关系，有二十四张为一刀的轻微差别。

烂进灰衬纸里去，或者，至少会导致植物丧失原有的色泽。色彩不仅是你借以辨识植物的特征之一，而且能使一份压制的花卉标本看起来赏心悦目。此外，你可能还需要一块与纸张大小相当的压制板。或者，如果没有压制板，你需要两块非常光滑的木板，以便将采来的枝叶夹在木板中间。然后，你可以用石头或其他重物压住上层木板，将标本牢牢压在里面。完成这些准备工作后，以下就是你在预备标本材料时所需遵照的事项，只有这样你的标本才能保存下来，并且易于辨识。

为了达到这一目的，采集标本的最佳时间应当选在植物正处于盛花期，而且有一些花朵即将凋谢、让位给那些崭露头角的果实之时。在这个时候，植物结实过程各个阶段的特征都十分明显，所以，你必须尽量在这种条件下采制植物标本。

对于小型植物，你可以采制带根部的完整标本。根部须用刷子细心清洗，确保没有泥土粘在上面。如果土壤比较潮湿，我们要先将根部晾干再刷，或者用水清洗；不过在这种情况下，你必须极尽细致，确保将植物刷洗干净并晾干之后，再用纸张夹好。否则，这份标本肯定会烂掉，而且还会传染到周围的植物标本。不过，只有当植物的根部具有一些显著特征时，保存根部才具有重要意义。在大多数情况下，植物的侧根和须根在形式上极其相似，不值得费劲去保存。大自然在植物可见部分的形态和外观上挥霍了如此众多精致而美丽的装饰，对于根部，却只赋予它们实际的功用。这是因为，根部隐藏在地底下，给予它们诱人的外表，反倒掩盖了它们的优点。

对于树木以及一切大型的植物，我们只需要截取一些片段。不过，我们必须极其细致地挑选所要截取的片段，以便使其具备一切能体现属、种特征的部分。这样，所截取的片段就能足够完整地供我们辨识和鉴定出原来的母体植株。如果仅仅是花序上各个组成部分明显可见，那还不够；那只能帮助我们鉴定出属。我们必须能在截取的片段上清楚地看出叶片形态，以及分枝结构特征，也就是叶片和枝条的分布和形态。如果可能的话，甚至还应当包括茎的某些部分。因为稍后你会看到，我们可以通过花和果实来鉴定属，但在鉴别同一属的不同种类时，上面提到的那些特征将会十分重要。如果枝条太粗，我们可以用刀或削笔刀细心地削去一半，只要不至于削掉或损坏叶子。有些植物学家会耐心地划开枝条上的树皮，干净利落地抽出里面的木头。这样，尽管树皮里面的木头已经去掉了，但看上去仍然如同完整的枝条一般。采用这种办法，我们可以避免纸张中间夹得太厚，或者出现高低不平的情形——那样会糟蹋或损毁标本，导致植物变形。对于某些植物，如果花和叶子出现的时间不同，或是花和叶子着生的地方相隔太远，我们可以分别采折一小段开花的枝条和一小段带叶片的枝条，压制在同一份纸上。这样，我们就能以一种易于辨认的方式，将同一棵植物的不同组成部分展示出来。至于另一些植物，如果只见叶子，而花朵尚未出现或是已经开败了，我们就必须把它们留在那儿，一直等到花儿绽放，才能辨识植物的身份。通过叶片来辨认一株植物，并不比通过衣冠来认人更可靠。

在进行采集时，须做出如下选择：我们必须挑选适当的时间。在晨露未干、傍晚潮气下降，或是日间阴雨连绵的时候采集来的植物都无法保存长久。选择干燥的天气非常重要。即便在这种天气，也必须选择一天中空气最干燥、温度最高的时候：在夏季是从早上十一点到傍晚五、六点。即便如此，如果植物沾上了一丁点湿气，我们也必须把它留在那里；因为采回去肯定保存不了。

你采集完材料后，就带回家里，保持干燥状态，展开铺放在纸上。在进行这项工作时，你至少要用两张灰衬纸铺一层底，上面盖一张白纸，然后把植物安置在白纸上。你要尽量留意使植物的各个部分——尤其是叶片和花朵——充分伸展，按其自然状态下的样子平整地放好。稍稍有些发蔫但还不至于太干枯的植物，通常更容易摆弄，你可以用手指和拇指把它压在纸上。但是也有一些桀骜不驯的，你刚整理好这边，另一边又歪过去了。为了防止这种恼人的情况出现，我用一些砝码和沉甸甸的钱币将摆好的枝叶压住，然后再去处理其余的部分。这样，在我整理完毕的时候，整个植物标本就几乎完全被用来固形的砝码压住了。接着，我们在第一张纸上再铺第二张白纸，并用手按住，使植物原封不动地保持在原处。以这种方式，一边用左手朝下按住向前移，一边用右手将压在两张纸中间的砝码和硬币挪开。接着，我们在第二张白纸上再铺两张灰衬纸，在此过程中，始终压住已定好形的植物一刻不放，以确保它不会滑动。在这层灰衬纸上，再铺一张白纸，如上所述，将另一份植物摆放在上面，再用纸盖好。就这样，一直到将采来的所有材料整理完毕。每次采集的材料不应过多，这样，你这项工作就不至于太乏味，在标本压制过程中，纸张也不至于因为里面夹的标本太多而过于潮湿——在那种情况下，如果你不尽快按照前面所说的方式小心谨慎地更换纸张，标本肯定会被损毁。事实上，你必须不时更换纸张，直到标本已经定型并已足够干燥。

在整理好那堆植物和纸张后，你需要将它们压住，否则植物会发生卷折：有些标本需要压很长一段时间，有些则需要的时间相对短些。你会从经验中学到这些，同时，你也会学会在何时、何种情况下应当更换纸张，而不需要去做更多无谓的工作。接着，等到标本完全干透之后，就把每份标本整整齐齐地搁在一张纸上，一张叠一张地放。中间没必要再夹更多的纸了。这样，你就有了一本最基本的标本册。随着你的知识面逐渐扩大，标本的数量将逐渐增多，最终将周围所有的植物都收录进来。最后，我们必须始终将植物标本册紧紧合上，并稍稍压住；否则，不管干燥到何种程度，植物标本都会从空气中吸收水汽，再次卷折起来。

现在来说说，我们应该怎么完成这项工作，才能便于你掌握有关这些植物的详细知识，同时让我们在谈到这些植物时清楚地理解对方的意思。

你必须从每种植物上采集两份标本；一份大的留给你自己，再做一份小的寄给我。你要细心地给标本编号，同种植物的大号标本与小号标本上编号始终保持一致。按照这种方式，压制好一两打标本之后，你就把标本夹在一个小笔记簿里，趁适当的时候寄给我。我会把这些植物的名字以及相关描述寄还给你。借助标本上的编号，你可以从你那份标本册上辨识出每种同样的植物，然后到田野里去辨认。在那里，我相信你会开始对那些植物进行更为仔细的研究。在你同你的导师相隔遥远的情况下，这是一种让你尽可能快速、准确地获得进步的可靠方式。

注意：我忘了告诉你，那些用来压标本的纸可以多次利用，只要你留意每次使用之前晾晒、吹干。最后我必须加一句：标本册必须存放在屋子里最干燥的地方，最好搁在楼上，不要放在楼下。

我在写这封信的时候，正好碰上德莱塞尔先生到访。我并不是为了向你通报他的到达，也不是为了表达这一令人愉悦的惊喜给我本人带来的欢乐。不过至少我可以告诉你，他似乎全然不曾经受旅途的劳顿，我还从未见过他身体如此健硕，气色如此之好。

通信续篇一

1773 年 5 月 24 日

　　亲爱的表妹，我发誓，你最后那封来信，以及信后所附漂亮的标本集小样本都令我十分欣喜；但尤其令我高兴的，是你就第四号标本[1]对我说的四个词。你竟然能够自己看出这些长在花朵中心的黄色小点本身就是许多小花！你已经无需我的帮助就发现了我本来不敢告诉你的内容——我担心让你的眼睛过于疲累，也担心给你的注意力带来太重的负担。当你打开我随信附上的那封先前写好的信函，看到我在关于小玛格丽特的描述中，是何其小心、何其审慎才大胆向你指出你自己已经在大玛格丽特中发现的那些事实，那时候，你也许会更好地理解你给我带来了多大的惊喜。噢！你已经迈出这一步，因此我将不再刻意为你留出余地，为了能跟上你的进度，我可能很快就得更多地考虑我自己的精力，而不是考虑你的精力了。我把之前写给你的那封谈论菊科植物的信寄给你，你应该很高兴我提前写了这封信，因为如若不然，你很可能就不会如此信赖我，我也不可能如此

1　指前文中谈到的雏菊。

轻易赢得你的注意力了。

你那些植物标本保存得很好，尤其是色彩——对于蓝色的花朵来说，这一点是很困难的。但是你没有留意把叶子压制成标本；在已经知道植物属别的情况下，叶子有助于我们鉴定出植物的种类。对第一号标本，我有些犹豫，因为上面只有三片花瓣，一片叶子也没有。第三号也是如此，另外，你至少要将花柄留得更长一些，因为花柄有助于我们对两种毛茛进行区分，这两种毛茛极其相似，但是其中一种毛茛的柄上具有条纹状的槽，而另一种，也就是你采集的那一种，柄上没有纹路，完全是圆的。不过，没必要为此过于苛责你，我对你的工作还是很满意的。下面是你采集的那些植物的名称，后面附上了法文名和林奈给出的拉丁名。我建议你仔细留意拉丁名，甚至努力记住这些名称；因为，要想同植物学家交流而又不必复述一长串描述就能让他们确切知道我们所谈的是何种植物，这是唯一的办法。

第一号: *Saxifrage granulate*, Linn.

虎耳草。这种植物属于蔷薇科[1]，这一科我们还尚未提到。虎耳草花萼5裂，具有5片狭长的花瓣，10枚雄蕊，雌蕊末端的两个柱头形成叉状；子房成熟时形成具有两个角的蒴果，蒴果从两个角中间裂开，以便里面的种粒成熟后释放出来。这些种粒呈黑色，非常细小。叶片为圆形，具有一些锯齿。根部周围有一些淡红色的小瘤，普通民众通常称之为虎耳草的种粒或种子。

第二号: *Veronica chamaedrys*, Linn.

石蚕叶婆婆纳。正如你所预料到的，这是一种婆婆纳，但是它并不是野生婆婆纳；更不是补血草（一种蔷薇）[2]。此外，它是离瓣花。

所有的婆婆纳都具有不规整的合瓣花，花瓣四裂，其中总是有一个裂

---

[1] 虎耳草现在属于虎耳草科，而不是蔷薇科。
[2] 补血草是一种勿忘我（*Myosotis*），现在已经不再被当作一种蔷薇；而是紫草科（*Boraginaceae*）的成员之一。

片比其他几片更小或更大些。这些花中都只有两枚雄蕊。子房变成一种心形的扁平蒴果。蒴果内有两个种子室，里面充满了比虎耳草的种粒更大、更白的小粒。

人们用石蚕来为这种植物命名，是因为叶片的形态近似石蚕或小橡树的叶片。此外还有一个可靠的性征，依据这一点，你可以将这个种与其他种类的婆婆纳区分开来：顺着茎干，分布有两排极长且密的刚毛，这些毛形成两条，达到一层分枝，从一层到下一层，又延伸出两列相似的毛，与最初的两列相互交叉。你只要见到这种植物，马上就会明白我想要表达的意思，而且，目前还没有哪位植物学家曾提到这种非常容易观察到的情况。

第三号：*Ranunculus acris*, Linn.

毛茛。蔷薇科，毛茛属。[1] 所有毛茛属植物共有的特征，就是花瓣的瓣爪上均有一种小小的壳，或者采用植物学家们通常的说法，叫做囊或腺。单凭这种特征，就可以将毛茛属与银莲花属和铁线莲属，以及另一些像前面那些花一样具有众多雄蕊和众多子房的蔷薇科植物区分开来。必须小心避免将这个种与另一种匐枝毛茛混淆。后者与其形态极其相似，甚至更为常见，他们称之为原野毛茛。正如我已经告诉过你的，原野毛茛的花柄上有槽纹，而普通毛茛的柄更细，而且完全是圆的。

第四号：*Chrysanthemum leucanthemum*, Linn.

"大玛格丽特"。[2] 当你已经看过相关信件并已初步了解菊科这类植物后，你就不需要我来告诉你这是一种辐射状的花了。我将只告诉你，大玛格丽特与小玛格丽特以及所有其他辐射状花的明显区别在于花萼；因为大玛格丽特的花萼在花朵完全绽放时几乎全部水平展开。此外，其花萼小叶

---

1 毛茛现在被归为毛茛科，而不是蔷薇科。
2 *C. leucanthemum* 现为 *Leucanthemum vulgare*；对应的英文名称在第六封信的注解中已经谈到。我们可以称之为牛眼菊，与更为娇小的雏菊（*Bellis perennis*）相比，这种植物更高，叶片更繁茂，前者可能就是卢梭所谓的"小玛格丽特"。

上还有一片膜，边缘呈现为黑色，这一点极易辨认。就种的层面而言，你不必担心把它同另外一些不那么常见的种弄混。大玛格丽特属中除该种之外，另外只有一个种，常出现在小麦丛中。这个种不仅叶片比第四号植物更窄、颜色更蓝，从花色上也更易于辨识：其花朵全部为黄色，边缘和心花一样，全都是金灿灿的，而第四种植物则总是具有黄色的管状花和白色的舌状花。对于前者，我们可以称之为黄色的野生大玛格丽特，至于这一种（指第四号植物），则可称之为田野大玛格丽特，因为这种花虽然在乡村也能见到，但在田野里更为常见；而黄色的那种，我相信在田野里是绝对找不到的。

亲爱的表妹，这些将足以指引你辨别你采集的那四种植物并进行定名、分类，一直到你能够熟练地运用更为具体的性状。你要认真观察并亲自审视这四种植物：刚长出来的、开花的、没花的，以及压干的，就这样，直到无论在何种情况下，你都能一眼认出这些植物，而且永远不会忘记。你关于果树的想法非常之好，这些我们等到下次树木开花时再说。就眼下而言，在学习那些内容之前，我们还有另一段课程需要学习。

在植物学方面，一次说这么多足够了。你的先生急着要回去见你，他想将信函带回去，所以我不得不尽量缩短篇幅。我觉得他非常和蔼可亲，非常乐于助人，有他做伴让我觉得很愉快，以至于要不是把你的幸福看得比我自己的快乐更重要，我都不愿意万分遗憾地送他离开。我提前而且全身心地感受到了他回家后你们彼此分享的那种温馨。他对我来说已经变得更加可亲了，因为他已经将一种企盼变成了希望——原本我只想将这种企盼埋藏在心底，不敢奢望能实现。亲爱的朋友，相信我，对我和内子而言，如果说在这个世界上还有单纯的快乐时光，那就是当我们能再见到你并拥抱你的时候；我希望你会看到，那一刻将弥漫着因你而来的欢喜，还有一颗为你而激动的心——这颗心中充满了你最值得拥有的那些情感。我相信，此次旅行中小表妹至少会一同前来，我将快乐地推算她的行程，而且我们将竭力维持与她的友谊，这是我们的权力。但是说到可敬的令堂，听说她经过一段愉快的旅行，带着你那几位可爱的妹妹到了你那里，为什么她不与你们一同前往；为什么不带她一起呢？噢！我真是个疯子，我不能再有所幻想了。情非得已，我就此打住，但是请始终记住，让这样一个美好的愿望成真之后，如果你再让它破灭，那将是残酷而且不公正的。

我在得知令堂身体小恙的同时才得知她已康复。我知道，你就是她的医生，我劝告并请求她服从于这个好大夫，不必再去另找了。您孩子的父亲在这儿的时候，我经常能得到你的每个小学生以及他们可爱的看护人的消息；我希望你别忘了，从现在开始，我指望着你来告诉我了，因为我已经如此习惯于不时得到你们的消息，以至于只要一段时间没有音讯就会令我焦虑不安，难以忍受。亲爱的朋友，再会了。我匆忙收笔，以便将这封信送去给你的先生，因为我担心他不能从百忙中抽出时间爬五层楼梯来我这里——就像他之前曾多次带着迁就的态度所做的那样，我知道这种迁就的代价，也正因为此，你应当给予他更多的爱抚。内子全身心地拥抱你，并请求你特地代她亲亲你的小旅伴[1]。至于我，我要亲自履行这项职责，不希望由别人来代劳。

我已经收到来自尼翁（Nyon）的一些极为令人伤心的讯息，这让我想到，我们那笔小小的年金对我可怜的姑姑来说将是最受欢迎的，因为她之前给我写的那封信，在她收到这笔年金之前就已经寄出了。我已经向德莱塞尔先生表达了谢意，多谢他好心地替我递送这点小东西。至于你，亲爱的表妹，无论是我感谢你还是你感谢我，多少都是一样的，在友谊之中，无论给予或是接受都会令双方感到满足。我们拥抱你所爱的所有人。向戈耶先生致意。

---

[1] 指德莱塞尔夫人的孩子。

通信续篇二

1773年8月9日，巴黎[1]

……

说到植物学，下面是你寄给我的那些植物的名字。我很欣赏你的耐心和你制作的那些精致的标本，但是以后不要再这么麻烦了。你寄给我的标本，在制作时需要保证本质部分清晰可辨，不过，只需具备你保留在自己标本夹中的部分即可。你很快就会收到一封植物学方面的信件。我的信笺快用完了。我就不去慰问你那些独守空房的日子了，因为考虑到回信耽搁的时间，我相信现在一切已经过去，你将能代我向你的先生致意。我拥抱你所有可爱的家人。祝贺戈耶先生。[2]我诚挚地祝他幸福。你有充分的理由相信，内子会全身心地喜爱你那个小孩子。我们热切地深爱你们一家，可以想见，他们将是多么可爱啊；而且，单只因为是你的家人，虽则我们还不曾真正见面，这种爱也已是无以复加。

第五号: *Anagallis arvensis.*

玻璃繁缕。单片花萼，具有5个尖锐的裂片，合瓣花冠，呈现为轮状，

---

1 这封信第一部分与植物学无关，故略去。
2 戈耶先生当时举行了订婚或结婚仪式。

也就是说，扁平而且没有花冠筒，裂为5片，具有5根弯曲的雄蕊。子房呈球状，蒴果球形。自然在给它们赋形时似乎不无幽默，因为当蒴果足够成熟时，你会看到果实上有一些从上到下的条纹，就像香瓜的脉络一样，看起来果实似乎就要沿着这个方向裂开，但是当你用手指捏一下，你会非常惊奇地发现，果实横向裂开了，就像一个肥皂盒一样。这些自上而下的纹路没有任何作用，完全是个圈套。高明的设计师有时候也采用这一套。有些玻璃繁缕开红花，也有一些开蓝花，但是它们并不都是同一个种。

第六号：*Euphorbium*

大戟[1]。掐断大戟属植物的茎，上面会流出一种能使疣脱落的腐蚀性乳汁。因此，我们用手去拿这些植物的时候，要注意别把乳汁弄在皮肤上。不过，接触这种植物并不会有什么害处。等它稍稍有点发蔫了，乳汁很快就会干掉。然后我们可以毫无困难地用手去拿，将它摆放好。

大戟属植物极为常见，其中包括许多种类，我们只能通过叶片来鉴定不同的种。然而你的标本中没有留叶子。正如你很快就会学到的，花朵下面这些浅浅的小碟状物体，你很可能以为就是叶子，可实际并非如此。所以，只有看到另一份标本，我才能告诉你这个种叫什么名字。

大戟属植物的结实系统极其独特而且奇异，不过，描述起来会比较冗长，而且我非常希望尽量让你的眼睛得到锻炼，以便你凭借自己的双眼看出这些特征，而不再需要我来为你讲述。在审视这个属的植物时，你会注意到，它们的花和果实几乎全都呈现为伞形分布，尽管它们并非伞形科植物。

第七号：*Geranium dissectum.*

老鹳草。*Geranium* 这个名字更加广为人知，也更为普遍，甚至在园

---

1 "Tithymalus"，大戟的旧称，近似于卢梭的 "Tithymale"。

艺家中间也极为常用，以至于几乎用不着去提它的俗名。

在所有老鹳草属植物的花中，雄蕊都排成一圈环绕在子房周围，不过并不像锦葵属植物的雄蕊那样合抱为一体。老鹳草的花中有5根花柱，果实由5个果荚构成，5个果荚虽然挨在一起，但是除了顶端的长须之外，彼此并不相连。这样，当果实成熟时，5个果荚的底部分离，从下朝上卷起，最后全都围成一圈，最顶端连在一起，就像一架构造极其精巧的枝形吊灯，或是一座大烛台。多裂叶老鹳草像其他的一些种一样，花朵通常两两着生在同一花梗上，花梗一分为二，上面各着生一朵花。

第八号: *Alsine media* [1].

繁缕（*Margeline*，鸡草[Chickweed]）。[2] 好心的女人们把这种植物当作"玻璃繁缕"切碎了喂鸟；但是植物学家、甚至本草学家都对第五号植物保留"玻璃繁缕"这一名称，而只称这种植物为繁缕。[3] 对可怜的鸟儿来说，避免这种混淆是相当必要的，因为真正的玻璃繁缕会害死它们，而这种繁缕则给它们带来众多乐趣和益处。这两个属的植物尽管在结实器官上有相似之处，但实际存在极大的差异。繁缕的花通常为白色，花瓣5片，柱头3个，其蒴果狭长，顶端开裂；茎圆，沿茎干一侧有一列纵向分布的细毛。玻璃繁缕为合瓣花，花冠通常为蓝色或红色，蒴果球形，横向裂成两块，茎无毛，并且为方形。不仅如此，玻璃繁缕的叶片还有一个极易辨识的特征，那就是在叶片的下表面，通常能看到黑点，而繁缕的叶子上却没有这种小点。

第九号: *Malva rotundifolia*.

---

1 这种植物现在被更名为 *Stellaria media*。国内有些书中将 Chickweed 译作卷耳，但卷耳属于另一属，即卷耳属（*Cerastium*）。

2 "Margeline"（卢梭的拼法为"morgeline"），现在很少用到，经牛津大辞典证实为 Chickweed 或 alsine 的异名。

3 因此，这种用来喂养家养或笼养鸟类的植物，常见名称之一为"鸟的繁缕"（*mouron des osieaux* 或 bird's pimpernel）。

圆叶锦葵。锦葵科（Malvaceae）即以锦葵命名。这个科的成员数目众多。总体特征为，所有雄蕊基部聚合成一个圆柱体，环绕在子房周围，就像菊科植物花中一样。但区别在于，菊科植物雄蕊顶端并不通过花药聚合为一体，花丝是分离的。而在锦葵科植物中，雄蕊通过花丝相连，只有花药分离。正是因为这种雄蕊排列成圆柱或柱状的独特结构，才产生了柱花植物目（*Columniferae*）这一名称，德国植物学家克兰兹先生（M. Crantz）用这个名称来指代一个为数众多的大类，其中总括锦葵属、老鹳草属以及其他的一些属。[1]

除此以外，在锦葵科中，我们还必须审查以下部分：

第一，果实。锦葵科果实多数由一个挨一个排成一圈的好几个果荚组成，每个果荚的壳中包含有一颗种子。

第二，花萼。在锦葵科植物所有的属中，花萼几乎都是重瓣的，特别是内层花萼，这层花萼环绕花朵，并在凋零时首先包住基部。正是根据组成外层花萼的小叶或叶舌的最大或最小数目，林奈骑士[2]总结出了锦葵科主要属的特征。

此外还有一个种，可以让你更为便利地对锦葵属植物进行研究。那种植物的花为红色，比这个种的花形更大，同时也很常见。还有一种更便利的是扶桑花，我在你的花园里见过很多扶桑花，那也是锦葵属的另一个种。由于扶桑花外层花萼的裂片比锦葵属植物的花萼裂片更多，林奈先生已将其划归另一个不同的属，称木槿属（*Alcea*）。[3]确切地说，锦葵属植物的花萼通常仅有 3 片小叶。

1　这种新颖的分类学思想已经被淘汰了，尽管林奈的自然分类大纲中划分出了蜀葵属（*Malva*）和木槿属（*Alcea*）。这两种在这封信中都有提及，并被统称为"柱花植物"（Columniferi）。锦葵科现在属于锦葵目。

2　卢梭给予林奈的"骑士"（Chaevalier）头衔，是指林奈因在科学上的贡献而从瑞典皇室那里获得的贵族特权。在这一语境下对应的英文"爵士"（Sir）一词将不太合适。

3　"直到作出一次完整的修订之前，这种对欧洲植物的分类方式必须被视为是暂时的。"《欧洲植物志》（*Fl. Eur.*），第 2 卷，254 页。

锦葵的花冠究竟是合瓣的还是离瓣的,在这点上植物学家内部也有争议。屈尊加入这场争论并把你的想法告诉我吧。

第十号: *Campanula glomerata.*

聚花风铃草。这种风铃草显然是你从草地上采来的,它不是这一属中最漂亮的种类。风铃草属中有一些非常美丽的植物,例如花园里栽培的塔形风铃草。

对于这个非常简单的属而言,我只需要提醒你注意两件事情:其一,5根雄蕊上宽大的花丝,是如何笼罩并覆盖在果皮的顶端;其二,果实成熟后,是以怎样一种独特的方式裂开并将种子泼洒在地上。没必要多此一举来提醒你风铃草属植物的花全都属于上位花[1]。你不需要别人来告诉你这一点了。

---

1 即花瓣在子房之上。

通信续篇三

1773年8月30日

　　亲爱的表妹,在你建议我教你一些植物学知识以便让孩子们开心的时候,我就想到,我们可以采用一种有条理的方式,将这种消遣变成对他们有益的东西,以便逐渐培养他们的注意力和观察能力,尤其是成熟的推理能力。要不然,一种简单的命名系统只会给他们的记忆力带来沉重负担,他们不仅不能长久地从中体会到欢愉,而且很快就会忘记这些知识,一旦忘记,就将无法从中获得任何好处。一开始,我教给你一些有关结实系统组成部分的总体概念——在结实系统中,我们能找到植物最本质和最稳定的特征,以此为依据,我们可以对植物进行最佳的分类——,从而试探了一下你和他们的偏好。作为最初的学习对象,我给了你植物界中数目最多,而且是最令人惊叹的五六个科,并竭力让你的眼睛习惯于辨识和区别那些植物的本质部分,期望你能学着辨认同一科不同植物特有的相似性(甚至不依靠结实系统)。然而,只有足够训练有素的眼睛,才能注意到这些相似性。

　　由于相隔遥远,我无法给你看我所谈及的植物,因此我试图给你指出这样一个办法，让你自己去找植物，但是没过多久我就意识到，这套程序比我事先预想到的困难得多；无论我用来举例的那些植物是多么普遍，我也不敢完全保证你认识它们，或者，就算你认识，这些植物的名称又是否与我所采用的指称相同？还有，当你只有看到这些植物才能理解我的意思时，你能否弄到这些东西？[1]我试图用数字编号来消除这一切不确定性，并且期望在我告诉过你名字的所有植物中，至少有一些是你可以弄来观察的；我一直不知道，我究竟有没有取得过一点成功，而且我现在仍然疑惑——比如说——你是否知道一种伞形科植物。

要开始学习植物学（因为你仍处于初级阶段，在这点上我不想欺骗你），存在一个必须想办法解决的困难。我之前已经想到这个问题，所以我建议你为自己制作一个标本册，把采集到的每种植物寄给我一份。你寄给我的每一种植物，我相信都是你在反复细致的观察中已经熟知的。有了这些植物，我在寄还给你植物名称的时候，就有了一个可靠的途径，可以明白无误地弄清是何种植物，因为我可能必须跟你谈到一些该种植物结构方面的问题。但是这个过程花费的时间太长了，这既是因为你事务繁多，能用在这项消遣上的时间太少，也是因为你在寄给我的每份植物样本上花费的心思太多。你大可不必如此细致地粘贴样本，只需寄给我一根压干的枝条，也不用粘贴，只要有叶片和花就足够了；不管怎样说，标本总会有点发皱。为了解决这个问题，我差不多已经尽到最大努力了。然而你极端的细致使我们偏离了原定的目的，因为到目前为止，你只给我寄来了十种植物。你必须至少知道两百种植物的外形和名称，然后我们才能相互理解；你可能认识花园里和野外的很多种植物，却不知道它们是什么。这样一来，我只好假定你实际上只认识我告诉过你名字的那十种植物。我只有更清楚你的进展，才能列举其他的植物来进行说明。在如此薄弱的基础

---

1 卢梭在此触及了在他看来对林奈的双名制命名法构成关键辩护理由的因素，亦即在同一种植物的众多名字或指称内部存在的问题。

上，我们是不可能继续向前推进的。

这并不是说我对命名法的观点改变了。较之我对你说植物学应该具有其自身地位的时候，我并没有认为命名法变得更重要了。但是话说回来，为了同某个不在场的人交流，我们必须在用来指代所涉及对象的名称上达成一致。我教你林奈的那些命名方式，并不是毫无意义的，尽管这些都是拉丁语名称。这些名称是唯一在整个欧洲都被接受的。借助这些名称，我们可以确保各个民族的植物学家都能听懂我们的意思。在林奈之前，每个植物学家都有自己的命名方法，那些命名几乎全都由冗长的短语构成。人们必须知道这一切名字，才能与这些植物学家或者他们的学生交流，这对于记忆是一种折磨，对于科学则是一种损失。法语名称同样免不了这些缺点；每个省、每个庄园、每个行业都有自己的命名，彼此全都不同。你已经看到了，女人们的玻璃繁缕和植物学家的玻璃繁缕是两种不同的植物。本草学家的"talitron"和植物学家的"thalictrum"同样如此。此外还有园艺家的"Coquelourde"与本草学家的"Coquelourde"，花匠的"argentine"和农民的"argentine"，花匠的"trifolium"和育种家们的"trifolium"，等等。[1] 总之，在随意而非系统地给出的名称中，一切都混淆不清。因此，我们必须知道林奈的那些命名，以便摆脱常用名称模棱两可的状况。但是，这并不是说你要随时都能将这些名称脱口而出——除非在必要的时候。此外，拉丁语发音也并不总像令人望而生畏的 *chrysanthemum* 一词这样困难。省略掉两个 h（h 仅在拼写中起到辅助作用，并不影响读音），你会看到，同一个词 *crisantémum*（在法语中）的发音，就不

---

1 为避免丧失卢梭原文的意思，在此保留了原文中法语常用名称。尽管未经标准的法国语言历史词典证实，但 talitron 很可能是毛茛科中的一个属，即唐松草属（meadow rue）的拉丁名 *Thalictrum* 的异名。常用名 coquelourde 指代好几个属，其中包括银莲花属（*Anemone*，毛茛科）和水仙属（*Narcissus*，石蒜科）。因此，卢梭提到这些名字但未加进一步详述，从而指出了命名系统中的混乱。Argentine 也被称作委陵菜（*Potentilla*），为蔷薇科中的一个属；该属植物的叶片下表面具有一种明亮的金色。车轴草属（*Trifolium*，豆科）包括多种车轴草。——英文版译者注

像起初看起来那么佶屈聱牙了。

亲爱的表妹，再回来说我的困难。你需要知道将近两百种植物的外形和名称，这绝对是必要的。我只有知道你所说的是哪些植物，才能成功地做到令你感觉愉悦地同你谈论植物学。否则，如果你没有见过实物，我那些抽象的细节只会让你厌倦。要愉快而有用地学习自然，你必须亲眼看到它的创造物。

我确实想为我们的小园艺家制作一个标本册，但是，除去费时不说，标本册的作用也仅限于为她已经知道的那些植物保存一份回忆录，而不是让她认识它们（也就是说教会她这些植物的名字）。因此，你给我寄标本需要稍微勤一点，或者雇一个园艺师或药剂师，他会尽可能多地把自己知道的植物名称告诉你。我漫无边际扯得太远，现在我必须收笔，因为我的信笺已经写完了。关于你或是我自己，我今天就不说什么了，然而，我相信我们心意相连。

植物学术语词典注解

卢梭只留下一些粗略的手稿，看起来他本来是打算编写一部《词典》，为外行提供一份"植物学家常用术语解释"。如果我们想完整地重现卢梭当年留下的手稿，同时避开误导读者的危险，不加上大量注脚将是不可能的。

因此本版中似乎最好删除一些条目：在那些条目中，卢梭要么完全弄错了，要么他所使用的术语从未被采纳，或是现在已经废弃不用。此外，在某些情况下，我们将以方括号形式插入"编者注"，以便纠正卢梭的陈述，或是附加上后来的发现——那些都是卢梭当时所不知道的。

18 世纪的植物学在某些特定领域已取得重大进展；但在其他领域却因无人研究或是缺乏重要设备而仍处于婴儿期；而且很奇怪，卢梭在这本《词典》中经常很不情愿使用一些术语：从他的其他作品中可以看出，他非常熟悉这些词，但他本人出于某些原因弃之不用。例如，当时花粉（pollen）这个词已经广泛使用，可他仍采用"具有生殖力的粉尘"（*poussière prolifique*）。不过，在很多条目中，他也表现出一种超前于当时

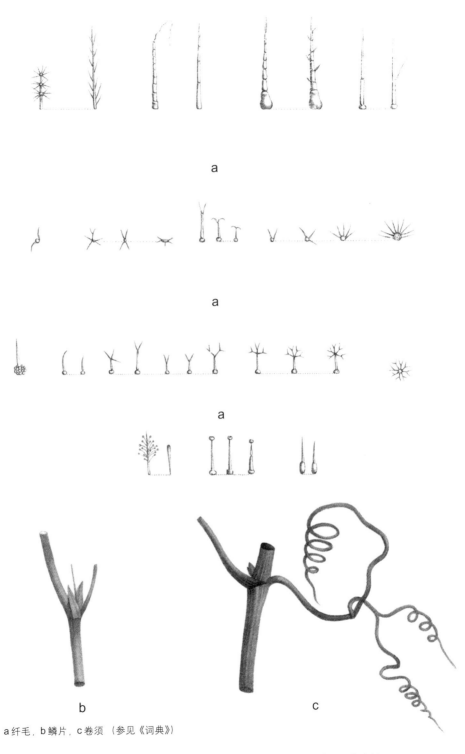

a

a

a

b

c

a 纤毛，b 鳞片，c 卷须 （参见《词典》）

植物学界的远见卓识——他拒斥林奈关于苔藓植物器官的类比就是一个很好的例子。

在本版《词典》中，各条目依照对应的英文词条首字母顺序进行排列，并在英文名称后用括号形式附上了卢梭采用的法文术语。[1]翻译过程中丢失了部分微妙之处，但总体原因在于，卢梭使用的一些结构或概念上的术语，要么是无必要的，要么是不正确的，在今天看来已经失效。

在关于"花"的条目中，卢梭进行了冗长的、甚至是史诗般的陈述，其中论述头状花科的部分大体重复了《第六封信》中的内容，从略去。

无茎的（ACAULOUS；Acaulis）：没有茎干或没有叶柄的。

附属物（ACCESSORYPARTS；Supports，Fulcra）：共有十种，即托叶、苞片、卷须、皮刺、枝刺、花梗、茎、腺点和鳞片。

雌雄同花的（ANDROGYNOUS；Androgyne）：同一株植物上具有雄花和雌花。雌雄同花（Androgynous）和雌雄同株（monoecious）这两个词的意思完全相同，只不过前者倾向于指花的两种不同性别，后者指两种性别的花出现在同一株植物上。[卢梭的解释并不正确，"雌雄同花"仅指雄性要素和雌性要素存在于同一朵花中；"雌雄同株"则指单独的雄花和雌花同时长在一株植物上][2]

被子植物（ANGIOSPERM；Angiosperme）：植物的种子完全被子房包被。这个词既可用来指有荚膜的果实，也可指浆果。

花药（ANTHER；Anthère）：雄蕊的花丝末端携带的囊或室。花药在授精的瞬间裂开，并释放出大量花粉粒。

链状的（ARTICULATED，JOINTED；Articulé）：这个词用来描述植物

---

1 中文版中将同时保留英文名称和法文名称，仍按英文词条顺序排列。
2 卢梭对"Androgynous"的理解可能更接近于"雌雄同序花"，即同一花序上同时具有雌雄两种性别的花。

的根、茎、叶和果皮等部分中任意一个，只要中间有节[见"节"（NODES）条目]，并分隔成段，就被称为"链状的"。

叶腋（AXIL；Aisselle）：枝条与枝条之间，或枝条与树干之间、叶子与枝条之间形成的锐角或直角。

腋生（AXILLARY；Axillaire）：从叶腋长出的。

树皮（BARK；Écorce）：树木的树干和枝条的外表面。树皮位于最外层表皮和韧皮层（或内皮层）之间。这三层通常也合在一起统称为"树皮"。

韧皮层、韧皮部（BAST，PHLOEM；Le Liber）：其组成部分是一些薄层，就像书中的纸页一样；这些薄层直接与木材（wood）相接触。韧皮层每年与树皮上其余部分脱离一次，并和边材（sapwood）融合，围绕树木周边形成新的一轮，从而增大树干的直径。

浆果（BERRY；Baie）：肉质或多汁的果实，具有一个或多个种子室。

枝条（BRANCHES；Branches）：从树木的主干部分长出的柔软而富有弹性的分支。正是枝条赋予树木特定的形态。枝条可能呈互生、对生或轮生排列。叶芽还会缓慢生长成旁枝，从主干同一部位伸出来；此外，据说枝条的随风摆动对于树木而言，就如同心脏跳动对于动物的意义一样。枝条可分为如下几类：

1. 主枝，直接从树干上生发出来的枝条。其他枝干均从主枝上长出。

2. 木质枝，为所有种类的枝条中最粗的一种，上面布满扁平的芽。木质枝塑造果树的形态，并在一定程度上具有保护作用。

3. 果枝，这种枝条最柔弱，上面具有圆圆的芽（buds）。

4. 细枝，细而且短的枝条。

5. 懒枝，这种枝条粗、长而且直。

6. 弱枝，这种枝条很长，而且不具有生殖能力。

7. 八月枝，在八月来临之后变硬，颜色变得发黑。

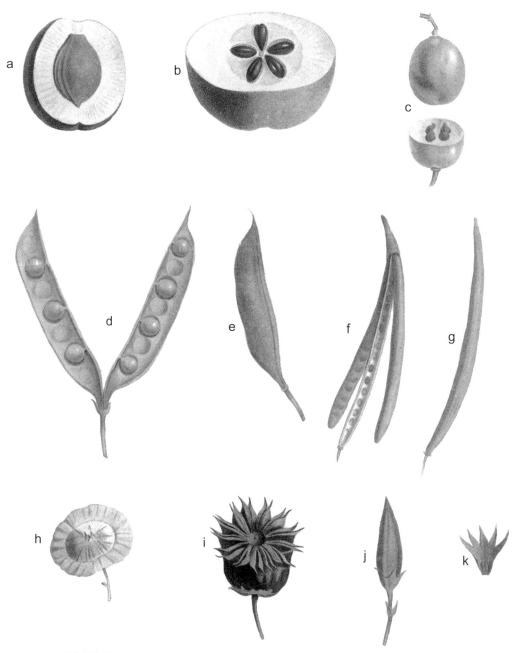

果实和种子：
a 核果剖面图：李，b 梨果剖面图：苹果，c 浆果完整图及剖面图：葡萄，
d 荚果剖面图：豌豆，e 荚果闭合图：豌豆，f，g 长角果剖面图及闭合图：香花芥，
h 浆果：鼠李，i 多室的蒴果：木槿，j 蒴果：石竹，k 瘦果：唇形科植物

8. 最后是假木质枝，这种枝条在本该细的地方反而很粗，而且没有任何具有生殖力的迹象。

[这些术语现已很少使用。][1]

球茎（BULB；Bulbe）：一种球状根，由数层相互紧密结合成团的组织或膜被组成。球茎是地下茎，而不是根。球茎本身有根，这些根通常状况下几乎都是圆柱形并有分支。

珠芽（BULBILS；Cayeux）：一些百合科植物和其他植物用来繁殖自身的不定球茎。

花萼（CALYX；Calice）：花的外层覆盖物，或者花朵其余部分的保护层，等等。正如有些植物的花中根本没有花萼一样，有一些植物的花萼逐渐变态发育成了叶子，反过来，也有一些植物的叶子变成了花萼。在毛茛科植物，如银莲花属和欧白头翁属的花中可以见到这种情况。

线状的、毛发状的（CAPILLARIES；Capillaires）：线状叶，指在苔藓植物中可见的那种细如毛发的叶子。

"线状的"这个词也用来描述蕨类植物中的一支（铁线蕨，*Adiantum capillus-veneris*），铁线蕨与其他蕨类植物一样，孢子囊分布在叶片背面，不同点仅在于其形态更小一些。

虫媒授粉法（CAPRIFICATION；Caprification）：雌雄异株（dioecious）的无花果（Fig）树上一种特定类型的雌花由雄株花中的雄蕊授精的方式。其雄株叫做野无花果（Wild Fig）。[2]在人工协助下，无花果通过这种自然方式受精并膨胀、成熟，产量远远超出本来可能获得的作物总量。

这一系列过程中最引人注目的是，无花果属植物的花是包裹在果实的

---

1 在园艺学中目前仍然有长枝、短枝、果枝和懒枝的说法。
2 无花果的花实际为雌雄异花然而雌雄同株，其花埋藏在隐头花序中。在栽培的普通无花果中，中间型无花果只有雌花，原生型无花果则具有雌花、雄花及适于瘿虫产卵的短柱头雌花，又称虫瘿花。

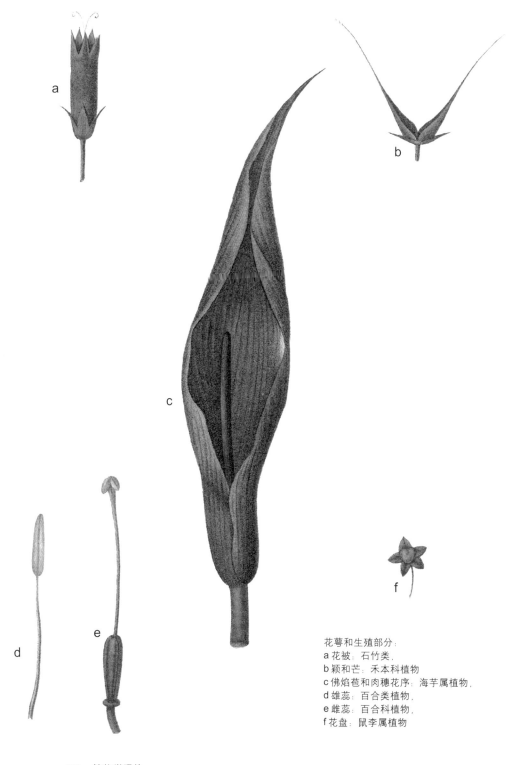

花萼和生殖部分：
a 花被：石竹类，
b 颖和芒：禾本科植物
c 佛焰苞和肉穗花序：海芋属植物，
d 雄蕊：百合类植物，
e 雌蕊：百合科植物，
f 花盘：鼠李属植物

里面，而且，似乎只有雌雄同体（hermaphrodite 或 Androgynous）的花才有可能受精。当两种性别的花朵完全分离开来时，我们无法想象雄花的花粉如何能穿透覆盖在自身及雌花外面的包被，从而到达雌蕊处使之受精。

这项任务是由一种昆虫来完成的。一种专门寄生在野无花果上的瘿虫将卵产在花托里面，并在那里孵化幼虫，新生的虫被覆盖在雄蕊的花粉下面；它携带着花粉穿过无花果的花苞，经过阻挡在雌花入口处的鳞片，一直进入果实内部。[1] 就这样，花粉一路畅通无阻，安安稳稳地被放置在那些用来接收花粉的器官上。

蒴果植物（CAPSULAR；Capsulaire）：蒴果类植物是指果实外面包裹着荚膜和果荚的植物。

荚膜（CAPSULE；Capsule）：干果上一种干燥的果皮。比如，我们不会用"荚膜"这个词来形容石榴的外果皮，因为石榴果皮虽然也像很多蒴果的果皮一样又干又硬，但它里面的果实却是软的。

孢蒴（CAPSULE；Urne）：装满孢子的孢子盒或孢子囊。大多数苔藓植物的花中都具有孢蒴。这些孢蒴最为常见的构造是一根长度不等的蒴柄支托在母体植株上面；顶端有一种尖尖的帽子或头罩将孢蒴罩住；这个小帽子最初与孢蒴相连，随后在孢蒴即将裂开时分离、脱落。帽子脱落后，孢蒴上的盖子也随即分离、脱落。通过这种方式，孢蒴从三分之二处打开，就像肥皂盒一样。蒴盖与底下部分的结合处边缘围着两层细毛，因此在孢蒴裂开之前，湿气是无法渗进去的。到最后，孢蒴接近成熟时，会俯身向下弯折，把装在里面的孢子倾倒在地上。

关于这个主题，植物学家们总体的观念是：孢蒴连同蒴柄共同组成一根雄蕊；蒴柄为花丝，孢蒴为花药，孢蒴中释放出的孢子，则是使雌花受

---

1 这里所谓的"果实"实际是无花果的肉状花序托，里面小芝麻一样的种子才是真正的果实。

隐花植物
a 叶片表皮, b 叶, c 雄花,
d 蒴齿和孢蒴的盖子, e 孢子,
f 脱落的蒴盖, g 叶片组织,
h 雌花, i 单个的雌花,
j 完整的植物
(a - k 为同一株藓类植物放大图),
k 白蜡树花地衣<Lichen Fraxineus L>.

精的花粉；这种解释带来的后果是，我们在谈到孢蒴时通常用"花药"一词来称呼它。然而，由于目前对苔藓植物的生殖系统还不是十分了解，我们所讨论的"花药"并不一定就是一种真正的花药。所以我认为，应当悬置那些激动人心的证据，没必要急着采用一个如此确定无疑的名称（以后更多的发现可能会迫使我们废弃这个名称）。因此，我们最好是使用"孢蒴"这个词。这个词由瓦扬[1]提出；我们不管采用哪种系统，都可以方便地沿用这个词语。

心皮（CARPEL；Loge）：果实里面的空腔。当心皮分成几个部分时，果实中就具有好几个小室。

柔荑花序（CATKIN；Chaton）：雄花或雌花呈螺旋式着生在一根花轴或共同的花托上，并围绕花轴或花托形成猫尾状。在具有柔荑花序的树木中，雄株多于雌株。

瓣爪（CLAW；Onglet）：在一些花的花冠中，花瓣借以连接在花萼或花托上的一种钩状物。石竹属的瓣爪比蔷薇属的瓣爪更长。

普通的（COMMON；Vulgaire）：这个词通常用来定义一个属中主要的、最早为人所知的种，其名称常被用来作为该属的属名，并且这一种最初被视为该属中唯一的种。[这种解释并不正确。"普通的"用于定义最为普遍的种。]

伞房花序（CORYMB；Corymbe）：介于伞形花序和圆锥花序之间的花序形态。伞房花序同圆锥花序一样，越接近顶端花梗越短，所有的花都生长在同一高度，使顶端呈现为一个平面。伞房花序与伞形花序的区别在于，伞房花序的花梗并非从花序轴上同一点发射出来，而是从同一根轴上许多不同高度的点分散逸出。

---

1 塞巴斯蒂安·瓦扬，Sébastien Vaillant，1669-1722，植物学家，《巴黎植物》（*Botanicon Parisiense*，1727）一书的作者，后来成为巴黎皇家植物园的主任。

子叶（COTYLEDON；Cotyledon）：一种微小的叶片，为种子的组成部分之一。子叶储备和积累营养液以供植物幼苗生长。

子叶，或称"种子叶"，是植物开始萌发后最先露出地面的部分。

这些最早出现的叶子，形态通常不同于后来长出的那些真正的叶子。子叶通常很快就会萎缩，在植物露出地面后即脱落。在此之后植物从其他来源获取的营养物质，将远远超出从子叶中所能吸收到的种子自身包含的养分。

有些植物只具有一片子叶，因而被称为"单子叶植物"（*monocotyledons*），其中包括棕榈科、百合科、禾本科植物以及其他植物。大部分植物具有两片子叶，被称为"双子叶植物"（*dicotyledons*）。如果还有具有更多子叶的植物，就会被称为"多子叶植物"（*polycotyledons*）。无子叶植物（*Acotyledons*）则用来指称那些根本没有子叶的植物，例如蕨类植物、苔藓植物、真菌类植物以及所有的隐花植物（cryptogams，花中不具雄蕊或雌蕊的植物）。

但是，如果要采用这种方式来给植物分类，就必须观察植物最初从地底下钻出来的情形，而且要对种子本身进行观察。这通常很难办到，尤其是对海洋植物和水生植物、以及那些拒绝在我们的园子里发芽成长的树木和异域植物或高山植物而言。

横走根（CREEP；Tracer）：指植物在两层土壤之间横向生长，就像茅草属植物那样。因此，这个词仅用来指根系。当我们说草莓的植株横走时，那是不正确的：草莓是在地面上匍匐行进，这与横走根是不一样的。[1]

十字花科或十字形的（CRUCIFEROUS or CRUCIFORM；Crucifère ou Cruciforme）：呈十字形式排列的。十字花科（Crucifer）这个名称专门用来指一个科，这一科植物的花由四片排列成十字形的花瓣构成，花瓣下面的花萼小叶以同样的方式排列，此外，雌蕊周围簇拥着6根雄蕊，其中有两

---

1 库克认为该词条名最好译作"sucker"。在中文中"sucker"常指"分蘖条"。根据上下文意义，此处译为"横走根"。但是茅草属植物的地下横走结构实际上是茎。

十字花科长绿屈曲花
(*Iberis sempervirens*)

根虽然与另外 4 根等长，但是看上去更矮一些，从而分别形成两个组。

禾秆（CULM；Chaume）：这个名称专门用来指禾本科植物中空、有节的茎，以区别于其他植物的节茎。尽管很多其他植物都具有这一同样特征，但莎草科植物却不然。

我们也许还可加上一条：禾秆均无分支；不过，其中也有例外，比如拂子茅（*Arundo calamagrostis; Calamagrostis lanceolata*）、以及其他一些种类。

杯盘（CUPS；Cupules）：通常生长于各种地衣、海藻之上的小便帽或茶杯状结构，在碗状部分内，我们可以看到种子生长、形成的过程，这种现象在叶苔属（*marchantia*）中尤为显著。[个术语了方治个意义上使用。]

扦插（CUTTING；Bouture）：从某些软木树种，如榕树、柳树和梨树上剪下幼嫩的茎，在土壤中进行无根栽培。扦插成功与否更多地取决于树木的生根能力，而不是茎的软硬程度。因为柑橘类树木、黄杨、紫杉和刺柏等树种都并非软木，但也很容易扦插成活。

聚伞花序（CYME；Cyme ou Cymier）：在这种花序中，尽管所有"辐条"都从同一点发射出去，但是并不具有规则的形态特征。代表植物有荚迷和忍冬。[解释有误。聚伞花序是指这样一种花序形式：其上面每个生长点的末端都是一朵花]

变形花（Disfigured Flowers；Fleur mutilée）：这种花通常由于温度不够而导致丧失、或是没有产生在自然状态下本该具有的花冠。尽管这种异常并不导致新种出现，但是在命名系统中，人们通常将发生此类畸变的植物与同种的完备植物分离开来。这一点我们可以在牵牛花、捕虫草、款冬和风铃草等植物的一些种类中看到。

舌状花（DEMI-FLORET；Demi-Fleuron）：图尔内福[1]用这个名字来称

---

1 即约瑟夫·皮顿·德图尔内福（Joseph pitton de Tournefort，1656-1708），植物学家，《植物学基础，或植物识别方法》（*Eléments de botanique ou Méthodes pour connaître les plants*，1694）一书的作者。

呼菊科植物的齿状小花（莴苣花的心花即由此类小花组成），同时也指构成菊科植物头状花序外围的那些小花。尽管这两种舌状花的形态完全一样，植物学家们也正是因此用同一个名字来统称它们，但是两者间具有本质的差异：前一种通常具有雄蕊，后一种则绝非如此。舌状花与管状花一样，通常为上位花，生长在种子上面，种子则相应生长在整个花序的花盘或花托上。舌状花包含两个部分：下面部分是一个很短的管或柱，上面部分则为扁平的带状结构，舌状花之所以得名即在于此。[见词条"小花"及"花"]

指状分叉（DIGITATE；Digité）：一片叶子上所有小叶都从叶柄末端长出，就像从同一中心点伸出一样，这种情况叫做指状分叉（即掌状叶）。比如，七叶树属植物就是一个典型的例子。

雌雄异株的（DIOECIOUS；Diécie ou Dioecie）：雌雄分居并各处一室的植物。雌雄异株这个词用来指称所有雄花生长在一棵植株上，而所有雌花生长在另一植株上的植物。

花盘（DISK；Disque）：位于真正的花托之上，支托着花或某些上层部件的中间部分。

有时候花盘被称为花托，就像菊科植物的花中那样，在这种情况下，花托的表面——或者说心花——与环绕在周围的边缘部分区别开来，后者称为边花。

花盘也指在某些属植物的花萼基部、种胚下方可以见到的一种肉质结构。有时雌蕊附着在这种花盘的边缘上。[这里很可能指的是一种蜜腺(Nectary)]

穗状花序（EAR or SPIKE；Épi）：一种花序形式。在这种花序中，所有花朵都着生在由一根单生的茎或梗顶端形成的共同花序轴或花托的周围。当花序上的花具有花梗时，只要这些花梗均为单生而且紧密地附着在花轴上，我们通常也称之为"穗状花序"（确切地说，应该是头状花序[raceme]）；但实际上，在真正的穗状花序中，花都是无梗的。

表皮（EPIDERMIS；l'Épiderme）：指覆盖在皮质层之外的一层薄薄的外表皮。表皮是一种极其微薄的透明膜，通常无色，具有弹性，并有轻微的渗透性。

果脐（EYE；Ombilic）：在浆果或其他下位的柔软果实中，花的花托部位就是果脐；脐痕会残留在果实上，正如我们在欧洲越橘的果实上可见的那样。花萼常宿存并环绕于果脐周围，该部位通常被称作"果顶"。梨和苹果的果实同样如此，其果脐周围都有十枯的宿存化萼。

芽眼（EYES；Oeilletons）：指朝鲜蓟和其他植物的块根侧面长出的芽，我们可以将芽眼剥下来，用来繁殖这些植物。

授精（FERTILIZATION；Fécondation）：即授粉，一种自然过程，通过这一过程，雄蕊凭借雌蕊的帮助，将一种生命力传送到子房。这种生命力对于种子的成熟和发芽至关重要。

花丝（FILAMENT；Filet）：支托雄蕊的短梗。"filet"一词也被用来称呼一些植物的叶、茎、甚至是花表面的细毛。[现在不使用后一种定义]

管状花（FLORET；Fleuron）：在菊科植物的头状聚合花上可见的不完整小花。见词条"花"[参见《第六封信》]。

菊科植物中管状花的常见结构如下：

1. 合瓣筒状花冠，具有五个牙齿，为上位花。

2. 具有细长的雌蕊，柱头顶端分成互为映像的两个部分。

3. 五根雄蕊的花丝基部分离，但花药聚合，在雌蕊周围形成筒状。

4. 具有瘦长的瘦果，基部着生在花托上，瘦果本身的尖端又为花冠提供支托。

5. 种子上面具有细小毛发或鳞片组成的冠毛，花冠位于花冠基部，相当于花萼。当花冠已经枯萎、膨胀的种子接近成熟时，冠毛将花冠从下往上推，使之脱离花托并随风飞散。

这些只是管状花总体上的共同特征，在菊科植物的一些属中也存在部分例外，实际上，正是这些差异构成的不同类别，才使这个庞大的科中出现许多不同分支。

管状花结构方面的差异，在上面关于"花"的条目中已经解释过了[见《第六封信》]。现在我必须讨论生殖器官方面的差异。

我刚才已经提到，管状花在正常状况下雌雄同体，而且是自花授粉。但是，也有一些花具备雄蕊但不结种子，这种花叫做雄花；还有一些不具有雄蕊但能结出种子，这种花叫做管状雌花；还有一些花既无雄蕊也不结种子，或是果实发育不良且通常早凋，这种花叫做无性花。

这些不同类型的小花并非随意分散在头状花序各处；而是整齐有序、排列规整，这种排列方式通常与一定的目的相关：要么是为了确保最佳的授精方式，要么是为了达到最高的挂果率，再或者是为了使种子充分成熟。

花（FLOWER；Fleur）：这个词似乎能唤起无尽甜蜜的感情，如果我任由想象力在其中漫游，我也许能写出一篇或许让牧羊人喜欢、但却令植物学家最难以接受的文章。因此，让我们暂时忘掉花之鲜艳的色泽、甜美的芬芳以及优雅的形态，而首先来探讨，如何才能真正了解这个拥有一切美好特性的有机体。起初看来，似乎没有什么比这更简单的：谁会觉得有必要去弄清"什么是花"？正如圣奥古斯丁所说，"没人问我，我倒清楚，有人问我，我便茫然不解了"。我们可以用同样的说法来形容"花"甚或"美"本身——它们就像花朵一样稍纵即逝。事实上，直至如今，每个想要给花下定义的植物学家最终都徒劳无功。现在我们来解释困难所在。不过，即便现在轮到我来设法解决这个问题，我也不期望能比前人获得更大的成功。

有人给我一朵玫瑰，说："这是一朵花。"

我承认，这样足以告诉我什么是花，但这并没有给花下定义；我审视这朵花，但这并不能让我在看到其他植物时，判断我所见的是不是一朵花。

普遍而言，我们将花视为那些构成花冠的色彩鲜艳的部分，但是我们可能很容易弄错。有些植物的苞片及其他器官较之花本身，颜色更为丰富，但这些并非花的组成部分，正如我们在荻、牛麦草、以及苋属植物（*Amaranths*）和藜属植物（*Chenopodium*）的一些种类中可见的那样。很多花根本没有花冠，还有一些花的花冠无色、极其微小而不分明，只有经过一番最细致的搜寻才能找到。当小麦开花的时候，你能看到那些无色的花瓣吗？你能看到苔藓植物和禾本科植物花中的花冠吗？在胡桃、山毛榉和栎树的柔荑花序中，还有桤木、榛树和松树，以及花中只有雄蕊的无数树木和草本植物中，你能看清其花冠吗？但是，这些花也同样是花。因此，花的本质并不在于花冠。

这种本质也并不更为清楚地体现在花的任何其他组成部分中，因为，这些部分中任意一个都有可能为某些属的植物花朵所缺失。例如，百合科所有成员的花中几乎都没有花萼；可是，我们并不会说郁金香或百合花不是花。如果说花中有哪些部分比其他部分更重要的话，那无疑是雌蕊和雄蕊。在葫芦科植物这整个家族中，确切地说，在所有的雌雄异株植物中，一半的花朵没有雌蕊，另一半没有雄蕊；然而，这种缺失并不妨碍其中任何一朵花被称为花，也不妨碍它们成其为花。因此，花的本质不单独依赖于其中任何一个所谓的组成部分，甚至也不依赖于这些部分的集合。那么，花的本质到底由什么决定呢？这就是问题所在；这是个难题；庞特德拉[1]试图以如下方式来解决这个难题。

---

1 Giulio Pontedera，1688-1757，植物学家，著有《花朵研究或花的本性》（*Anthologia sive Floris Natura*，1720）。

他说，花是植物的一个组成部分，它在本性与形式上区别于其他部分；如果花中有一根雌蕊，那么这朵花通常着生在胚胎上，并且对胚胎具有重要的意义；如果花中没有雌蕊，那么这朵花就不是着生在胚胎上。

在我看来，这种定义的拙劣之处在于，它似乎具有太强的包容性。因为如果花中没有雌蕊，剩下唯一专属于花的特征，就是"它在本性和形态上区别于植物的其他部分"；这样一来，我们同样可以将"花"这个名称给予苞片或托叶、蜜腺、刺、以及一切既不是叶片也不是枝条的部分；在花冠凋谢、果实将近成熟时，我们仍然可以将"花"这个称呼赠予花萼和花托，即便实际上此时已经没有花残留下来了。因此，这个定义虽然总体上是符合的，具体而言却不能满足要求，这样它就缺少了两大必要条件中的一个。此外，这一定义还留下了一个精神（spirit）上的空白，这是一个定义所能具有的最大失误；因为一旦将花的功能限定于对胚胎的好处，也就是说，花附着在胚胎上，那就假定了：当花不附着在胚胎上时，它就全然没有用处；这一定义也很难符合植物学家必然持有的观念：各部分之间相互协作，在这种"有机的机器"中，各部分都发挥作用。

在此，我认为总体的缺点源于把花当成了一种绝对的东西，实际上在我看来，花只是一种集合性的相对存在体；我们应该克制自己不去寻求过于精细的概念，而将范围局限于那些自然地呈现其自身的东西。根据这种推论，花在我看来只是植物种子受精过程中各个生殖部分的暂时性阶段。随之可推出，如果所有生殖部分聚合在一起，那就只有一种花；如果生殖部分相互分离，则有多少种生殖部分就有多少种花。由于生殖部分中最本质的只有两种，即雌蕊和雄蕊，那么相应地也就只有两种花：一为雄花，另一种为雌花，两者对生殖来说是必要的。不过，我们还可以设想有第三种生殖部分，它将在另两类中分开来了的性别重又结合在一起。但是那样一来，如果这些花都同样具有生殖力，那么第三种花就会使得另外两种成为多余，仅其自身就足以胜任这项工作。或者，实际上将会有两种受精过程，现在我们将仅仅观察其中一个过程中的花。

如此说来，花只是受精过程中的核心和重要工具。一朵花只有雌雄同体才能自给自足；如果是单独的雄花或者雌花，那就必须有两朵，即雌雄花各一。如果说到花中其他的组成部分，比如花萼和花冠，那就绝不是本质部分，而只是为了替那些本质部分提供营养和保护。有些花甚至既没有花萼也没有花冠。但是没有哪朵花，也永远不可能有任何一朵花在同一时间既没有雌蕊也没有雄蕊。

花是植物中一种局部化和过渡性的部分，它出现于种子受精之前，而受精过程正是在花之中，或者借花之力而得以完成。

在此，我不打算竭尽全力从各方面对这一定义展开辩护，因为，可能不值得如此费劲。我只想说，对我来说"出现于……之前"这一短语非常重要，因为在大多数情况下，花冠通常最先吐苞、绽放，然后才轮到花药裂开。就这点而言，花的出现先于受精过程是不可否认的。我补充说"受精过程在花之中、或借花之力而得以完成"，是因为在雌雄同体植物和雌雄异株植物中，雄花并不会结果，但即便如此也依然是花。

我认为，这就是我们所能给花做出的最为贴切的评定，也是唯一未曾给那些推翻了迄今为止人们试图给出的一切其他定义的异议留下余地的。

正如花通常是因花冠而引人注目——这个部分凭借生机盎然的色彩，远比其他部分耀眼——，我们也会无意识地以为花冠就是花之真正实质所在；就连植物学家本人也常难免犯这个小小的错误，因为他们经常用"花"这个词来指称花冠；这些不经意的小误差并不会造成很大影响，只要它们不至于改变我们头脑中关于事物的观念。

由花冠衍生出的词语有合瓣花和离瓣花、唇形花、假面状花、整齐花和不整齐花，甚至在学术作品中我们也经常碰到这些词。对于图尔内福及其同时代人来说，这点小小的错误不仅情有可原，而且几乎无法避免；当时还没有"花冠"这个词；而且这一用法依靠习惯从那个时代一直保存至今，也并未带来太大不便。但是这对我来说却是不可容忍的，因此我在此指出这些术语的不准确性，并一再重申；这样，我将留待"花冠"词条中再去谈论花冠的各种形状和组成部分。[我们没有找到作者此处提到的关于"花冠"的条目，手稿上并没有写。]

但是，现在我必须探讨一下聚合花和单生花，因为这两个名称是关于花本身的，而不是关于组成花的花冠部分。在阐明单生花的组成部分后，我们将会看到这一点。

单生花可分为"完全花"和"不完全花"。完全花具备对一切生殖具有本质意义的，或是伴生性的部分，这些部分共有四种；两种为本质性的，即雌蕊和雄蕊或雄蕊群；另两种为附生性或伴随性的，即花冠和花萼，此外，我们还应当加上将这些部分全部托在上面的花盘或花托。

如果花中包括所有的部分，那这朵花就是完全花；如果其中缺少任何一个组成部分，那么这朵花就是不完全花。不完全花中不仅可以没有花冠和花萼，甚至就连雌蕊或雄蕊也可能缺失；就后面这种情况而言，通常在同一株或者另一株植物上会长出另一种花，其中具有此种不完全花所缺失的其他本质部分。因此，我们可以在两性花和单纯的雄花或雌花之间划出一条界限，前者可能是完全花也可能不是完全花，而后者总是不完全花。

不完全的两性花并不因此就不够完美[1]，因为它能依靠自身完成受精过程；但是我们不能称之为完全花，因为这种花缺少我们所说的完全花所必备的一些部分。例如，玫瑰花和石竹花既是雌雄同花又是完全花，因为在这两种花中各组成部分一应俱全；但是郁金香和百合花虽然都是雌雄同花，却并非完全花，因为这两种花中没有花萼。同样，在石竹科中有一类被称为"加那利指甲草属"的美丽小花，虽然在雌雄同体方面完美无缺，

---

1 在植物学中，"完美的"（perfect）一词常用来指一朵花中具备完整的雌雄器官，译作"雌雄同花的"。

但也并非完全花，因为这类花虽然色彩迷人，但是并没有花冠。

仍然停留在单生花这个类群中，我现在可以接着对整齐花以及所谓的不整齐花进行探讨；但是，由于这一区分主要与花冠相关，我最好还是让读者去参阅"花冠"词条。[《词典》中并没有"花冠"这一词条]下面将讨论"单生花"这一名称所引起的一些悖论。

当花中结出的果实为单果时，这一整朵花就是一朵单生花。但是如果单独一朵花结出许多个果实，我们就称这朵花为聚合花；而且这种多个果实聚生的情况绝不会出现在仅有一个花冠的花中。[说法有误。单生花常有结多个果实的。]因此，每朵聚合花不仅必须具有多片花瓣，而且还要具备许多个花冠；一朵花要成为真正的聚合花而非许多朵单生花的集合体，组成花朵的那些小花（florets）就必须共有四大部分中的一个，而每一个体的小花都必定没有这一部分。[以下是一段关于聚合花的论述，卢梭在《第六封信》中已经涵盖了其中大部分内容]

在将单生花称为"重瓣花"或"完全重瓣花"时，还会出现另一种复杂性。

重瓣花是指这样一种花：花中某些部分的数量增加，并且高于花的基数，但是这种增多现象不会损害种子萌发的能力。

重瓣花中花萼增加一倍的情况极少，在现实中也从未出现雄蕊增多的现象。最普遍的增殖现象发生在花冠部位。

其中最常见的例子可见于一些离瓣花，譬如石竹属、银莲花属以及毛茛属植物的花。在合瓣花中花瓣叠层的现象更为少见；然而，我们经常能见到重瓣的风铃草花、樱草花和报春花，在风信子的花中，重瓣现象尤为常见。

"重瓣"这个词并不单指花瓣数量增加一倍，也用来指某种形式的增加。无论花瓣数量增加一倍、两倍抑或三倍，只要不至于扼制种子萌发的能力，这朵花就始终叫"重瓣花"；但是，当花瓣数量的过度增多导致雄

花冠：
a睡莲科黄睡莲(*Nymphaea mexicana* Zucc.)，
b百合科珠芽百合(*Lilium Bulbiferum*)，
c石竹科石竹属(Dianthus L.)单瓣花，
d石竹科石竹属重瓣花

蕊消失、胚胎败育时，这朵花就失去了"重瓣花"这个称号，而被叫做"完全重瓣花"。

从中我们可以看出，重瓣花仍然属于自然序列中的一部分，但是完全重瓣花却不再是其中一部分，它成了一个真正的怪物。

尽管在最为普遍的情况下，花之丰盈赖花瓣以成，然而也有一些例外：在这类花中，花萼也参与到其中。有一个最为显著的例子，就是菊科旱花属植物（*Xeranthemum*）的花。这种花看起来似乎是辐射形，但实际为盘状花。它就像刺苞木属植物的花一样，花萼上具有层叠的苞片，里层部分的小叶长而且颜色鲜艳，我们往往会把这些小叶当作一堆舌状花，因为它们装点着绝大部分的花盘。

这些虚假的表象往往会骗过非植物学家们的眼睛；但是，任何人一经探入花的隐秘结构，就绝不会受到片刻的蒙蔽。从外表看来，舌状花很像一朵完全重瓣花；然而，两者间始终存在这样一个本质差别：首先，每朵舌状花都是一朵完全花，它拥有自己的子房、雌蕊和雄蕊；而在完全重瓣花中，每片增加的花瓣都始终只是一片花瓣，这些花瓣中没有任何对生殖而言具有本质意义的组成部分。把一朵或重瓣、或完全重瓣的毛茛花的花瓣一片接一片地摘下来，你会发现，除了花瓣本身再没有什么东西；但是，在蒲公英的每朵舌状花中，都具备一根被雄蕊环绕的花柱，这种舌状花不只是一片花瓣，它还是一朵真正的花。

有人给我一朵黄睡莲的花，问我是聚合花抑或是重瓣花。我答曰，既非此也非彼。说它不是聚合花，是因为其周围的花瓣不是舌状花；说它不是重瓣花，又是因为，重瓣现象并非花的自然状态，而数轮花瓣环绕子房而生，却恰恰是黄睡莲的自然状态。因此，这种具有多重花瓣的现象并不妨碍黄睡莲成其为一朵单生花。

对大多数花而言，雌雄同体乃是普遍状况；实际上，这种状态似乎是最适宜于植物界的。植物界中的个体被剥夺了一切自主行动的能力，当两种性别被隔离开来时，它们无法去寻找彼此。对于那些两性分离的树木和植物，深知该如何变换方式的大自然早已为这种棘手的阻绊做好了准备。不过，这一点也同样正确：从总体上来说，那些静止不动的生命体，为维持其物种的繁衍，自身内部具备了为达到这一目标所必要的一切器官。

结实或结实器官（FRUCTIFICATION；Fructification）：这一术语通常在集合意义上使用，它不仅包括种子受精和果实成熟的过程，也包括实现这些过程所必需的一切自然组成部分的总和。

果实（FRUIT；Fruit）：植物体生长过程中的最后产物，果实中含有种子，种子生长出新的个体，从而使物种再生。当种子为单生的瘦果时，种子就是唯一的最终产物[1]；如若不然，种子仅仅是果实的一部分。

果实一词在植物学中具有比日常使用中宽泛得多的意义。对树木和其他一些植物而言，所有种子或种子外面可食的种皮均统称为果实。但在植物学中，这个术语所指称的范围甚至更广：它包括一切在花凋落后作为种子受精的结果而出现的事物。在这个意义上，果实确切来说只是受精的子房而非其他。这一点始终是正确的，无论果实可食与否抑或种子成熟与否。

属（GENUS；Genre）：具有一种共同特征的一些种类的集合，这种特征使这些种区别于所有其他的植物。

种胚（GERM；semence）：种子、或一株幼苗的简单雏形。在受精之前，种胚与维持自身生长所需的物质结合，并在幼苗萌发的第一阶段由这些物质供应养分，直至植物能够直接从土壤中吸收营养。

胚芽，胚胎，子房，果实（GERM，EMBRYO，OVARY，FRUIT；Germe，Embryon，Ovaire，Fruit）：这几个术语的意义极其相近，以至于在把它们分成不同条目单独讨论过之后，我认为还是应当将其统归为

---

1 卢梭将"瘦果"也定义为"种子"。

a

b

c

d

e

f

g

h

i

j

k

萌芽：
a 叶芽：栗树，b 花芽：桃树，c-f 豆子萌芽的各个阶段，g、h 山毛榉树幼苗，i、j、k 小麦萌芽的各个阶段一类。胚芽是植物幼苗中基本、首要的成分；它在受精过程中变成胚胎或子房，而胚胎一旦成熟就会变成果实：这就是这几个词真正的差别所在。不过，我们在使用时并不总会注意到这些差别，因此这几个词常被不加区别地混用。

胚芽有两种截然不同的类型：一种包含在种子里，随着种子发育而生长为一棵植物；另一种包含在花里，通过受精作用变成一颗果实。我们可以看到一种交替过程，这两种胚芽中每一种都能生成另一种，反过来又能从另一种中生成。[胚芽现在并不仅作为胚胎的同义词使用]

此外，我们还能用胚芽这个名称来称呼包裹在叶芽中的未发育的叶片，以及花芽中未发育的花。

萌芽（GERMINATION；Germination）：种胚中隐藏的微小植株最初的发育阶段。

腺（GLANDS；Glandes）：植物用来分泌液体的器官。

嫁接法（GRAFT；Greffe）：通过这种操作，一棵树的汁液能被引导、转移到另一棵树的维管系统中；由于两棵树的维管系统在粗细和形态上并不相同，但也不会恰好相互抵触，树的汁液在分离时被迫变得更为精纯，这样结出的果实就会更香甜可口。[一段离奇的描述]

嫁接（GARFT；Greffet）：从一段生长良好的树枝上截取嫩枝或芽，连接到另一棵树的皮层上，只要是在适当的时节并采取必要的措施，前者就能接受第二棵树的树液，从中吸收营养，就如同先前在母体树木中一样。接穗（scion）这一称呼是指被截取下来插入另一棵树中的组织，而砧木（stock）这个词是指接受嫁接的树木。

嫁接的方式有多种：靠接法，劈接法，皮下接，鞍接法和皮接法。

裸子植物（GYMNOSPERM；Gymnosperme）：种子不被子房包被的一类植物。

毛，或刺毛（HAIRS or BRISTLES；Polius ou Soies）：植物某些特定部分上长出的一些稍硬的直毛。这些毛发呈正方形或圆柱形，或上竖或平卧，或分叉或单生，或顶端突出或带钩状物，这些不同形式的性状较为稳定，足以用作这些植物的分类依据。[毛和刺毛并不是同义词]

藤本植物硬木扦插（HARDWOOD CUTTING VINE；Maillet）：截取年初的新生木质枝条，两侧各留出一条突出的老枝条，用来进行移植。这种扦插方式仅用于藤本植物，而且极少采用。

头状花（HEAD；Tête）：头状花是指一种聚生花序，或者说菊科植物的总花序，在头状花序中，小花排列成近似球形。

雌雄同体（HERMAPHRODITES；Aphrodites）：阿当松先生[1]用这个词来称呼无须任何明显的交配或受精行为就能自我繁殖的动物，例如蚜虫、软体动物，多数无性别的蠕虫，以及不通过受精、依靠身体某部分的分裂来进行繁殖的昆虫。在这个意义上，通过插条或珠芽传播的植物也是雌雄同体的。这种明显违背自然界正常程序的独特性质会引发关于"种"的定义的一系列问题。（我们能确定地说自然界中根本没有"种"，而只是个体吗？）不过我相信，很多人会怀疑是否存在完全雌雄同体的植物，也就是说，这些植物根本不具有性器官，也绝对不能通过两性生殖进行繁衍。而且，雌雄同体和无性生殖之间还有个区别，前者用来指不具有性器官、不允许杂交生殖的植物，而后者仅指那些无性别或者不育，不具备产生后代能力的植物。

苘盖（HOOD；Capuchon，Calyptra）：通常覆盖在苔藓植物孢苘上的一种尖尖的盖子。苘盖起初连在孢苘上，但在孢苘接近成熟之后会脱落下来。

叶鞘（"HUSK"，GLUME；Bale）：禾本科植物上像花萼一样的苞片。

---

[1] Michael Adanson，1727-1806，植物学家、著有《植物的自然谱系》（*Famillies naturelles des plantes*，1763），他坚决反对采用林奈系统。

下位，上位（INFERIOR, SUPERIOR；Infère，Supère）：在花中，花萼和花冠有两种不同的相对位置，由于经常需要用到对这种关系的表述，我们必须专门创造一个词。当花萼和花冠着生在种子上方时，这种花就被称为上位花（*superior*）。当种子生长在花萼和花冠的上面时，这种花就被称为下位花（*inferior*）。如果花冠下位，则种子上位；如果花冠上位，则种子下位；因此，我们有两种表述同一情形的方式可供选择。[在现代的使用中，这个术语经常被用来表述种子（子房）的相对位置。因此，当今天的植物学家们说子房上位（*ovary superior*）时，他们所说的与卢梭的上位花（*superior Flower*）属于同一种结构形态]

　　由于具有下位花的植物比具有上位花的植物更多，在情况尚未确定时，我们通常假定是前一种状态，因为这种状态更为普遍；如果描述中并未提到花冠和种子的相对位置，我们必须假定为花冠下位。因为如果是上位花冠，描述者应当会明确表述。[卢梭给予下位花的这种优先权并不成立]

　　节间（INTERNODES；Entre-Noeuds）：禾草植物上有一些将节与节分隔开的空间，叶子就从上面长出来。有些禾草植物（尽管这类植物很少）的茎从头至尾都没有间隔，根本没有节，因此也没有节间。其中一个例子为酸沼草（*Molinia caerulea*）。[不正确。酸沼草有一个隐藏在叶子里面的节]

　　果仁（KERNEL；Amande）：被包在一颗果核里面的种子。

　　压条（LAYER；Surgeon，*Surculus*）：将一根幼嫩的茎——例如石竹属植物的茎——压进土壤中促使其生根，这根茎就叫做压条；压条随后会生成另一根茎。

　　叶芽（LEAF-BUD；Bourgeon）：叶子和枝条的早期发育阶段。

　　叶子（LEAVES；Feuille）：植物的必要器官，夜间用来吸收水分，白

叶：
a 蔷薇科羽衣草属
(*Alchemilla* Linn.)。
b 豆科树锦鸡儿
(*Robinia caragana*=*Caragana
arborescens* Lam.)。
c 毛茛科水毛茛
(*Ranunculus aquatilis*)。
d 铁线蕨科圆肾铁线蕨
(*Adiantum reniforme*)

天用来进行呼吸作用。叶子使植物能随风摇摆并更为强健，从而弥补了无法像动物一样自主运动的缺憾。高山植物不断受到狂风暴雨的侵袭，通常更茁壮有力；与之相反，那些生长在花园中的植物则禀性柔弱，不够挺拔，而且经常萎缩、退化。[不准确而且是异想天开的]

豆科植物（LEGUMINOUS PLANTS；Legumineuses）：参见词条"花"。

百合科（LILIACEAE；Liliaéces）：具有百合类特征的花卉。

唇瓣（LIP；Limbe）：当一个整齐的合瓣花冠边缘变宽、扩大时，这个变宽的部分就叫做唇瓣，唇瓣通常分成四五个或更多个部分。很多风铃草属、报春花属、旋花属植物以及其他植物的合瓣花冠都具有这种唇瓣。我们称之为铃铛边缘的部分，即为花冠上的唇瓣。依据唇瓣与花冠筒之间构成的不同角度，我们将花冠表述为漏斗形、钟形和杯形。

雌雄同体或雌雄同株（MONOECIOUS；Monécie ou Monoecie）：同时具有两种不同性别的植物。雌雄同株这个词也用来指称雄花和雌花长在同一植株上的一类植物。

雌雄同株的植物（MONOECIOUS PLANTS；Monoiques）：参见上一条目。当植物并非雌雄同体，但同一株上分别具有雄花和雌花时，我们就称之为雌雄同株的植物。这个词出自于希腊语，在此处意指"两性同居于一室但不同房"。黄瓜，甜瓜以及所有葫芦科的植物均为雌雄同株的植物。[后来的研究发现，卢梭这一定义并不准确：一株植物上雄花与两性花共存，或雌花与两性花共存，以及两性花与不育花共存的情况都有可能出现，这类情况都叫做雌雄同株。此外，一些葫芦科植物，如泻根，就是雌雄异株的]

裸露的（NAKED；Nu）：不具有包被的。在一些常见例子中经常可以

花的性别：
a 雌雄同花：长春花，
b 雌雄同株：蓖麻，
c 雌雄异株的雄花：大麻，
d 雌雄异株的雌花：大麻

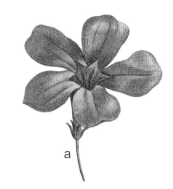

a

b

c

d

见到。

种子不具有果皮包被，就叫做裸露种子；伞形花序下没有总苞，也称作裸露的；茎上不着生叶片，叫做裸茎；诸如此类还有许多。

节 (NODES；Noeuds)：茎和根上的关节。[一片叶子与茎结合的地方就是一个节]

对生 (OPPOSITE；Opposées)：两片叶子相对排列在茎或枝的两边，就叫对生叶。对生叶可能具有叶柄也可能不具叶柄。如果有两片以上的叶子生长在茎上同一水平位置处，这种叶片排列方式就不能再用对生一词来描述，而是另有一个名字。见于词条"轮生"。

子房 (OVARY；Ovaire)：这个名称用于指称果实的胚胎，或受精之前的果实本身。子房受精后就换了一个名字，直接叫果实；或者叫种子或孢子，如果是裸子植物的话。[子房并非胚胎，而是雌蕊中包含种子的一个部分。裸子植物，如针叶树具有裸露种子，因此没有子房]

掌状叶 (PALMATE；Palmée)：掌状叶是指一片叶子不像指状叶那样由数片小叶构成，而是几乎分裂成几片，从叶柄顶端向四方辐射，但在着生点上彼此相连。[现在，掌状叶并非指状叶的同义词。我们用另外的术语来描述叶片的其他分裂形式]

圆锥花序 (PANICLE；Panicule)：一种有分枝的锥形花序。这种花序之所以形成圆锥状，是因为下面的分枝最大，中间形成较大空间；沿花序轴往上，分枝越来越短、越来越少；依此类推，一根全然规整的圆锥花序顶端将是一朵单生的无梗花。[这种定义在现在已经不再正确了。圆锥花序是一种复总状花序，例如燕麦的花]

冠毛 (PAPPUS；Aigrette)：在菊科一些属以及其他一些植物中，种子上面簇生的简单的或羽状的花丝即为冠毛。这些冠毛可能无梗，亦即直接

叶:
a 忍冬科接骨木.
b 百合科百合.
c 茜草科车叶草(*Asperula odorata* L.).
d 忍冬科忍冬属(Lonicera Linn.)

连接在携带冠毛的种子上，或有梗，亦即着生在一根柄（拉丁语名称为 *Stipes*）上，并通过柄着生于种子上。冠毛最初充当小花的花萼；随后在小花凋零时，冠毛迫使小花让道，使小花脱离种子，不致妨碍种子成熟。冠毛为裸露的种子阻挡雨水，以免种子被雨水淋湿而腐烂。当种子成熟后，冠毛起到翅膀的作用，种子借之乘风遁走，飘撒到远方广泛传播。

寄生植物（PARASITES；Parasites）：生长或寄住在其他植物上，以寄主养料为食的植物。菟丝子、槲寄生以及一些苔藓类和地衣类植物都是寄生植物。[苔藓类和地衣类植物不是寄生植物，而是附生植物（epiphytes）]

薄壁组织（PARENCHYMA；Parenchyme）：构成叶片和花瓣中主要成分的果肉状物质或蜂窝状组织；在这两种情况下，薄壁组织外面都有表皮覆盖。

花梗（PEDICEL；Pédicule）：果实下面极其瘦长的支持物。[在现代的用法中，花梗（pedicel）指一朵单生花的梗；花序轴（peduncle）则指一个花序的梗]

在我看来，作为"无梗的"（*sessile*）一词的反面，形容词"有梗的"（*pedicelled*）是必要的。植物学中术语极其泛滥，我们必须竭力使那些在植物学中具有特指含义的术语清楚简明。

花梗是将花或果实连接到枝条或枝干上的纽带。其韧性通常比生长在花梗一端的果实强劲，但比起另一端连接的木头则较软，通常果实成熟后就会脱落，带着花梗一起掉下来。但是有时候，尤其是在草本植物中，果实虽然落了，花梗依然残留在枝上，正如在蓼科酸模属植物中可见的那样。在酸模属植物中，我们还能观察到另一个独特之处。其花梗均为轮生，围绕茎干长出，而且中部全结合在一起。在这种情况下，果实似乎应当从连接处脱离，带着一半花梗落下，将另一半留在植物体上。然而情况并非如此。果实自身分离开来并独自落下：花梗依然是一整条，而且必须费一定的气力才能把它从连接处扯成两半。

多年生的（PERENNIAL；Vivace）：生长数年的。乔木、灌木和亚灌木都是多年生植物。甚至有些草本植物也是多年生植物，但是它们只能靠根系越冬。因此，忍冬和蛇麻都是多年生植物，尽管越冬的方式不同。在冬季，忍冬的茎干会留在上面，这样来年春天即可发芽开花；而蛇麻的茎一到秋末就会枯死，每年都要从根部重新开始生长。

脱离自然生境的植物很容易改变多年生的习性。热带地区的一些多年生植物移植到我们这里就变成了一年生植物。在我们的花园里，这些植物产生的变化并不止于此。

这意味着，在欧洲对异域植物进行研究，经常会使人产生错误的印象。

贯穿叶（PERFOLIATE；Perfoliée）：当茎穿过叶片的中间并完全被叶片环抱时，这种叶就叫做贯穿叶。

花被（RERIANTH；Périanthe）：一种类型的花萼，紧密包裹在花或果实外。[如今，“花被”是指花萼和花冠的总称。]

花瓣（PETAL；Pétale）：花瓣这一名称用来指代花冠中每片完整的裂片。如果花冠仅由一片构成，花瓣也只有一片；在这种情况下，花瓣和花冠所指的是完全同一事物，这种花冠被称为单瓣的（monopetalous）[合瓣花冠（gamopetalous）]。如果花冠由好几片组成，这些小片就是许多的花瓣，而其所构成的花冠将由一个表示花瓣数目的希腊词语来描述，因为花瓣这个词也是来自希腊语——当我们想要造一个词语时，从同一种语言中抽取构词的词根更为适当。因此，“monopetal”、“dipetal”、“tripetal”、“tetrapetal”、“pentapetal”等词语分别用来指称分裂为一片、两片、三片、四片或五片以及更多片的花冠，最后还有“离瓣花冠”（polypetal），用来指裂片数目不确定的花冠。

有花瓣的（PETALOID；Pétaloide）：具有花瓣的。因此，一朵具有花

a

b

c

e

d

花冠：
a 紫花南芥属植物，b 紫露草属植物，c 旋花类植物，d 茄属植物

瓣（*petaloid*）的花是与不具花瓣的（*apetaloid*）花相对的。[卢梭把术语弄混了。"Petaloid"的意思是"像花瓣一样的"。]

有时这个词被用作词的后半部分，与表示数目的前缀共同构成一个词。这时其意指深裂为数片的合瓣花冠，词的前半部分所指代的即为裂片数目。因此，"三瓣的"（tripetaloid）花冠裂为三个部分或花瓣裂片，"五瓣的"（pentapetaloid）花冠具有五裂，等等。

叶柄（PETIOLE；Pétiole）：叶片下面极瘦长的支持物。在描述叶片时"有柄的"（Petiolated）一词是与"无柄的"（sessile）一词相对的，正如在描述花和果实时所用的"有梗的"（pedicelled）一词一样。参见词条"花梗"和"无柄的"。

羽状叶（PINNATE；Pinnée）：叶片边缘由许多小叶构成，这种叶片就叫做羽状叶。

雌蕊（PISTIL；Pistil）：花中的雌性器官，覆盖于胚胎之上。种子通过雌蕊接收花药上的花粉从而受精。雌蕊通常借着一根或几根花柱伸长；偶尔也会直接被一个或多个柱头覆盖，中间没有花柱连接。柱头接受来自雄蕊顶端的大量花粉，并通过雌蕊送到胚胎的中心，促使子房[实际为胚珠]萌发。按照这种生殖系统，植物只能依靠两性的结合来完成受精作用。结实行为其实就是通过两性结合进行繁殖。雄蕊上的花丝即输精管（vas deferens），花药即睾丸，花药中释放出的花粉则为精浆，柱头成了阴门，花柱是阴道，胚胎充当子宫体或子宫。

胎座（PLACENTA；Placenta）：心皮上支托着胚珠的部分。胚珠（种子）直接着生在胎座上。林奈不赞成使用胎座（planceta）一词，而一贯使用种子托（Receptacle）。然而，这两个词的意思并不相同。种子托是将种子连接在心皮上的部分。的确，当种子外面没有果皮包被时，并不存在胎座，只有种子托；但是在所有的被子植物中，种子托和胎座都是不一样的。

对于一切具有多个心皮的子房来说，隔膜都是真正的胎座；而对由单心皮构成的子房来说，子房是唯一的胎座。

植物（PLANT；Plante）：一种植物性（vegetable）的物体，主要由两部分组成，即植物赖以固定在地上、或附着在其他寄主物体上的根部，以及露出地面之上的部分。植物通过地上部分来吸入和呼出维持其生存的成分。在所有已知的植物性物体中，松露几乎是唯一不能被称为植物的。

植被（PLANTS；Plante）：在地球表面蔓延扩张、覆盖并装饰着地球的植物性物质。没有什么景观比荒漠更令人伤感；也没有什么景观比树木葱茏的高山、烟柳掩映的河流、绿荫如毯的田野和杂花纷乱的峡谷更令人欢欣。

荚（POD；Crosse）：豆科植物的果皮，通常由两瓣组成，偶尔仅一瓣。

豆荚（POD；Légume）：一种果皮类型，两个瓣膜的边缘由两条纵向的缝合线连结起来。种子沿上面的缝合线交替着生于两片瓣膜上；下面的缝合线上没有种子。我们通常用"豆荚"一词来指称豆科植物（Leguminous）的果实。

荚果（POD，SHELL，HUSK；Gousse）：豆科植物的果实。荚果也称为豆荚，通常由两片称为瓣膜的底板构成，瓣膜或平直或弯曲，并由两条纵向的缝合线紧密结合在一起。荚果内的种子沿一条缝合线交互着生在两片瓣膜上，到成熟时就会蹦出来。

花粉（POLLEN；Poussière prolifique）：这个词是指每颗花药里包裹着的众多微小球形颗粒。当花药裂开并将花粉洒在柱头上后，花粉随即裂开，并借助一种液体渗进柱头，一路向下穿过雌蕊，使将要形成果实的胚胎受精。

雌雄混株（POLYGAMY；Polygamie）：两性花生长在一根植株上，单性花（即雄花或雌花）生长在另一株植株上，这类情况都被称为雌雄混株。

雌雄混株这个词也被用于描述菊科植物中的一些种类，在这种情况下其意义稍有不同。

所有的菊科植物均可被视为雌雄混株的，因为其花中都包含许多小花（florets），这些小花各自繁育并因而自成一体——我们可以说，它们各自形成了自己的世系。所有这些独立的单元以各种不同方式结合在一起，因此便形成了不同的组合。

当头状花中所有小花都是两性花时，它们形成一种叫做"规则混株"的体系。

当所有小花并非全部为两性花时，它们就形成一个叫做"杂性混株"的体系。其中又分几类。

1. 冗余混株，心花都是两性花，可育，边花为雌花，也是可育花。

2. 无用混株，心花为两性花，可育，而边花为无性花，不具生殖能力。

3. 必要混株，心花为雄花，边花为雌花，两者需要配合才能产生种子。

4. 分离混株，作为组成部分的小花被整朵花中花萼内一些分散的小萼片分隔开来，形成单个的一朵朵，或是几朵聚在一起。

我们可以想象出更多可能的组合，比如说，边花为雄花，而心花为两性花或雌花；但是这种情况并未出现过。

[上述系统现已不再使用]

果肉（PULP；Pulpe）：很多果实或块根中柔软多肉的物质。

总状花序（RACEME；Grappe，Racemus）：一种穗状花序，花序上的花有柄，且并不直接着生在中间的轴上，而是附着在从主花梗分出的副花梗上。头状花序几乎就是圆锥花序，只是分支更密、更短，并且通常比真正的圆锥花序更粗。

当一个圆锥花序或穗状花序向下垂首而非上指天空时，这种花序就叫做总状花序；红醋栗的花序就属这种情况，一串葡萄花也是如此。[圆锥花序是一种具有分枝的总状花序。总状花序并不总是下垂的]

根生的（RADICAL；Radicales）：这个词用来指最贴近根部生长的叶

花序结构：
a 柔荑花序（雄花序）：胡桃科胡桃（*Juglans* L.），
b 总状花序：虎耳草科美洲茶藨子（*Ribes amerianum* Mill.），
c 圆锥花序：木犀科丁香（*Syringa* L.），
d 头状花序：菊科爱神菊（*Catananche* L.），
e 穗状花序：禾本科小麦（*Triticum* L.）

子：在同样意义下这个词也能被延伸用来描述茎。

花托（RECEPTACLE；Réceptacle）：花和果实中构成其他组成部分之基座的部分，植物通过花托为那些组成部分提供必需的营养液。

花托通常被划分为专有花托和共同花托：专有花托上只有一朵单生花和一个单生果，因此仅在最简单的花中可见；共同花托上则承载着许多朵花。

如果花是下位的，那么支托着整个花序的就是同一个花托；但如果花是上位的，专有花托就是一个双重的花托，支托在花下的与支托在果实下的并非同一个花托。这种情况在最为常见的花的结构中均可见到；不过，关于这一点，有人可能会提出如下问题（为解答这个问题，大自然已经创造了其最巧妙的发明之一）：

当花位于果实上方时，花和果实都长在同一个花托上，这何以可能呢？

准确来说，共同花托仅仅属于菊科植物，花托支托着小花，并将所有小花聚合起来形成单独的一朵整齐花，因此去除其中一些小花，就会使整朵花变成不整齐花；不过，除了可以对菊科采用这种说法之外，还有另一些类型的共同花托，我们也给予它们同一个名称，因为它们起到的作用是一样的。例如伞形花序（*umbel*），穗状花序（*spike*），圆锥花序（*panicle*），聚伞圆锥花序（*Thyrsus*），聚伞花序（*cyme*），肉穗花序（*spadix*），你将在相应位置找到这类词条的介绍。

整齐花（REGULAR FLOWERS；Fleurs Régulières）：整齐花中所有组成部分均具有对称性，例如十字花科、百合科等植物的花。[即辐射对称花，与两侧对称花或不整齐花相对]

肾形（RENIFORM；Réniforme）：肾脏形状的。

根（ROOT；Racine）：植物的一部分，植物依靠根部固定在土壤中或固着在寄主身上。植物以这种方式固定自身，因而丝毫不能移动；对它们来说感觉是无用的，因为它们既不能去追寻其所需，亦不能逃离有害之

十字花科宿根缎
(*Lunaria rediviva=Lunaria alpina*)

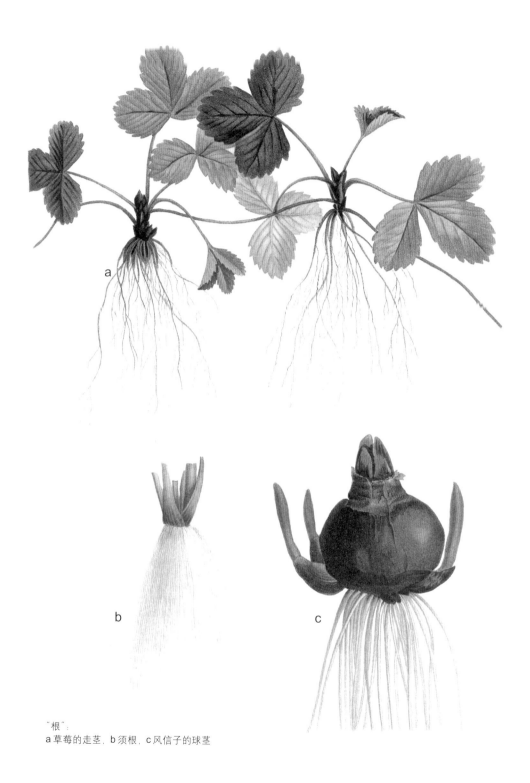

"根":
a草莓的走茎，b须根，c风信子的球茎

物：大自然不会创造任何多余的东西。

蔷薇花型（ROSACEOUS；Rosacée）：一种整齐的离瓣花的形态，就像蔷薇花一样。

莲座状（ROSETTE；Rosette）：一种没有花冠筒或花冠筒极短、边缘扁平的合瓣花。[现在仅用来描述一种呈现为玫瑰状的叶片排列方式]

树液（SAP；Suc nourricier）：植物汁液中用于供养自身的部分。

鳞片（SCALES；Ecailles ou paillettes）：小小的舌状膜片。在菊科植物一些属的花中，鳞片被包在花托里面，形成界限并将小花分隔开来。当鳞片几乎接近线状时，我们就称之为"绒毛"；而当鳞片较为粗壮时则称之为"苞片"。

重瓣旱花较为独特，其花盘周围的鳞片进一步伸长，而且色彩艳丽，看上去就像真正的舌状小花。如果不凑近前去仔细分辨，乍眼一看几乎可达到以假乱真的地步。

"鳞片"这个词经常被用来指称柔荑花序和冷杉球果上的花萼。这个名称也被赋予蓟属和矢车菊属之类植物的头状花花萼上覆瓦状的萼片，以及旱花属和爱神菊属（Cupidone）植物的花中干燥的膜状花萼。

在某些种类植物的茎上也覆盖着鳞片。这些鳞片均为革质的根生叶，在诸如从蓉和款冬等植物中，这种鳞片偶尔会取代真正的叶片的位置。

最后，一些百合科植物球茎上层层叠叠的表皮，以及灯心草和一些禾本科植物花中扁平的花萼，也被称为鳞片。

花葶（SCAPE；Hampe）：无叶的茎，尤指那些使结实器官高出于根部之上的茎。[一根花葶上有时可能有一片或多片叶子，且均为根生叶，例如郁金香。]

无柄的（SESSILE；Sessile）：这个形容词意指"托"（receptacle）的缺失。将这个词语用来描述叶、花或果实时，意思就是说，这些部分直接

茎：
a 玫瑰灌丛，
b 岩蔷薇，
c 橡树

a

b

c

a

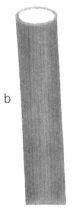

b

c

茎：
a 木本植物
b 草本植物
c 缠绕茎

生长在植物上，中间没有梗柄或托。[在这里，卢梭并不是在本词典所定义的"花托"的意义上使用"receptacle"一词]

性别（SEX；Sexe）：随着性系统的确立，这个词已被扩展使用到植物界中，并成为常用词语之一。

鞘（SHEATH；Enveloppe）：一种围绕在花外面的花萼形态，正如在海芋属植物、榕属植物的花以及具有小花的花中可见的那样。具有鞘的花并不一定没有真正的花萼。

灌木（SHRUB；Arbrisseau）：比乔木矮小的木本植物。通常从基部分出好几根茎。乔木和灌木在秋季时从叶腋中产生花芽，到春季即生长成为花和果实。这一特征使它们与亚灌木区别开来。

角果（SILIQUA；Silique）：果实由两片通过纵向的缝线结合在一起的瓣膜构成，种子附着在任意一侧的缝线上。

角果通常分裂成二室，中间有隔膜隔开，隔膜上附生着许多种子。不过，这种隔膜并非本质部分，故不应包括在定义之中。这一点我们可以在刺山柑、白屈菜等植物中观察到。

单生的（SOLITARY；Solitaire）：单生花是指单独长在一根花柄上的花。

肉穗花序（SPADIX or FLESHY SPIKE；Spadix ou Régime）：指棕榈科植物的花穗。肉穗花序实际上是正在形成果实的花托，花托外面生有一个佛焰苞，佛焰苞充当斗篷的作用。

佛焰苞（SPATHE；Spathe）：一种膜质的花萼[总苞苞片]，在花绽开之前充当花朵外面的包被，并在受精作用即将发生时分裂开来以便让出一条通道。

佛焰苞是棕榈科及百合科植物的典型特征。[1]

种（SPECIES；Espèce）：一些不同种类或个体具有某种共同特征，这

---

1 佛焰花原是棕榈科和天南星科的典型特征，但是百合科与石蒜科的花序下也具有总苞状苞片。

种共同特征使它们与同属的其他植物区分开来，这些个体的集合叫做种。

矩（SPUR；Éperon）：一些花中由蜜腺的延长而形成的圆锥形隆起，或笔直或弯曲。例如兰花、柳穿鱼、耧斗菜、飞燕草和一些天竺葵属以及其他植物花朵上的矩。[矩并非由蜜腺，而是由花萼或花冠上的部件形成]

雄蕊（STAMENS；Étamines）：生殖系统中的雄性部分。雄蕊最常见的形式是一根花丝上支撑着一个叫做"花药"的脑袋。花药就像一种装着大量花粉的囊。花粉或爆炸式释放，或泼洒出来，穿过柱头并被带往子房处，随后给子房授粉。雄蕊在形状和数量上均有变化。

旗瓣（STANDARD；Etendart）：豆科植物的花[如豌豆花等]上部的一片花瓣。

茎（STEM；Tige）：植物的躯干。茎以外的其他地上部分全都从茎上

半夏（Pinellia ternata），天南星科，于北京。

一把伞南星（Arisaema erubescens），天南星科，于北京。

茎的结构：
a 禾本科植物
b 石竹
c 蒲公英

长出。茎与叶中脉（midrib）相近，因为有时两者的独枝或分枝形式是一样的。比如，蕨类植物的茎就是这样。不过，区别在于茎具有对称性，而且没有前后或者明显的侧面，而在叶中脉中这些特征都明显可见。

一些植物没有茎，还有一些植物只有一根没有叶子的裸茎，在这种情况下我们会使用其他的名称。见"鳞片"条。

柱头（STIGMA；Stigmate）：雌蕊的顶端，受精时变得潮湿，从而使花粉被粘附在上面。

托叶（STIPULE；Stipule）：长在叶柄、花梗或枝条基部的一种小叶或鳞片。通常伸出于叶柄、花梗或枝之外，看起来就像苞片一般，不过，托叶有时也长在叶腋的旁边、对面，甚至里面。

阿当松先生声称，唯有越橘、长春花、大戟、鼠李、栗树、酸橙、锦葵和刺山柑等植物长在茎上的托叶，才是真正的托叶。有些植物的托叶并不围绕茎生长，在这种情况下，托叶取代了叶片的地位。豆科植物托叶的位置有所变化。蔷薇科植物并没有真正的托叶，所谓的托叶充其量只是叶片的一种延长或附属物，或者叶柄的延伸。也有一些植物的托叶为膜质，例如大爪草属植物。

匍匐茎（STOLON；Traînasse ou Traînée）：某些植物具有的一种在地面上蔓延的长茎，茎上隔一段即有结，结上生出的小根钻入地下，形成新的植株。

果核（STONE；Noyau)[Endocarp]：将果仁包在里面的骨质外壳。

花柱（STYLE；Style）：雌蕊上使柱头高出于子房的部分。[某些植物的花中可能没有花柱，例如罂粟属]

根蘖（SUCKERS；Drageons）：从一棵树的基部或树干上抽条并生发出来的茎。要想将根蘖分离开来，必然会对树木造成损伤。

异名（SYNONYM；Synonymie）：不同命名人给同种植物取的各种名字。

刻叶紫堇(Corydalis incisa),罂粟科,于上海。　　荷青花(Hylomecon japonica),罂粟科,于陕西。

异名学无疑是一种愚蠢而无聊的研究。

卷须（TENDRILS；Vrilles ou Mains）：线状器官，形成于某些植物的枝条末端，并为植物提供将自身依附在其他物体上的工具。卷须或单生或具分枝；在无约束的情形下，卷须向四面八方任意伸展；当遇到外物时，就会呈螺旋状缠绕在上面。[卢梭的错误之处仅在于，他将卷须限定为枝条的延伸。卷须也可能是从叶片、根或轴上生长出来，具体因物种而定]

顶生的（TERMINAL；Terminal）：顶生花是指开在茎或枝条顶端的花朵。

三小叶的（TERNATE；Ternée）：由生长在同一叶柄上的三片小叶组成的叶子，即为三小叶复叶。

聚伞圆锥花序（THYRSUS；Thyrse）：一种具分枝的圆柱形穗状花序[紧缩的圆锥花序]。

这个词很少用到，因为这种类型的例子并不常见。[丁香和七叶树即属此类]

伞形花序（UMBEL；Ombelle）：花柄从同一点发散出来，像一把阳伞上的轮辐一样展开，这种花序形式就叫做伞形花序。伞形花序长在茎或枝条的末端，副伞形花序则生在伞形花序每一根花梗的顶端[也就是一个较小的伞形花序，构成复伞形花序的一部分。]

亚灌木（UNDERSHRUB；Sous-arbrisseau）：木质的植物或小灌丛，不如灌木高大，秋天不产生花芽或果芽。例如百里香、迷迭香、醋栗以及石南属，等等。[我们并不是通过植物是否产生芽来区分亚灌木，而仅是通过植物的大小来判断]

植物体（VEGETABLE；Végétal）：具有生命但是并不具有感觉的有机物体。

我知道，它们不会准许我就此停留在这一定义上。人们希望矿物具有生命，希望植物具有感觉，甚至希望无形式的物质中也浸润着情感。尽管依据现代物理学来说这或许是可能的，但是当其他人观点与我本人观点不相吻合时，我从来就不能——以后也绝不能——去表达他人的观点。我曾常常见到一棵死去的大树（我先前见它还活着），但说到一颗石头的死亡，这种观念是永远不会进入我脑子里去的。我在我的狗身上体察到微妙的感情，但是我从未发现一株卷心菜也有此类情感。卢梭的自相矛盾是众所周知的，然而我敢说，要说他曾经提出如此这般愚蠢的观点，那倒是件奇怪的事——如果我现在深入谈论这个话题，我将不得不对此展开批驳。不过，没人会因此而感到吃惊。够了；我将言归正传。

正如植物的出现与生长一样，植物也必然会走向消逝和死亡，这是一切有机体都面临的一条不可改变的法则。由此，它们繁衍生息。然而，这种繁殖是如何产生的呢？我们看到，植物王国中所有呈现于我们知觉范围内的事物都是通过繁殖而创生；而且我们可以猜想，在这同一个王国中，生存方式逃离于我们视野之外的那些事物也同样遵从这条自然法则。在丝草、水绵以及松露中，我既没有见过花也未曾见过果实；但我看到这些植物自身绵延不断。通过类比，我们可以赋予这些植物同样的生殖方式，正如其他植物以此达到同样的目的一样；这种类比显得如此真实，使我无法不予以赞同。

的确，大多数植物另有延续自身的方式。例如珠芽繁殖、扦插和根蘖。但是，这些方式只是次要的，而不是根本的：它们绝非所有植物普遍的繁殖方式。只有果实繁殖才是普遍的，而且既然在我们所熟知的那些植物中这一原理没有任何例外，我们就决不能设想在其他植物体中果实繁殖不再是普遍情况。

藤本压条（VINE STOCK；Provin）：将藤本植物的茎弯曲压入土中并加以固定。这根茎从茎节处产生簇生的须根，扎进土壤中。随后，切断连接压条与母株的茎干，另一端从地上长出，就成了一株新的植株。

水槽（WATER CHANNELS, GUTTERS；Abreuvoirs ou Gouttières）：树干朽木上形成的孔洞。这些孔洞积蓄水分，致使树干上其他部分腐烂。

轮生（WHORLED；Verticillé）：两个以上的器官围绕一根共同的轴从同一高度上长出。

木质的（WOODY；Ligneux）：具有木头之韧性的。

译后记

　　我的导师刘华杰教授最初推荐我翻译这本小书时，给了我一年多的时间。我私下猜测，他要么是担心影响我的正常学习，要么就是为了让我在翻译过程中实践一下卢梭信中提到的知识。毕竟，卢梭这几封信写于一年中不同的时期，涉及到不同季节、不同地点的花草树木：秋季有尚未凋谢的百合，春季有铃兰、桂竹香……花园里有风信子、郁金香，果园里桃李众多，果木纷繁，田野有豌豆花、小雏菊，厨房里还有供食用的欧芹和朝鲜蓟……

　　翻译这本书带给我极大的愉悦，使我乐于足不出户，坐在电脑前一心一意地敲字。然而翻译中的困难还是远远超出我事先的预计。首先在于植物名称问题。我最初参照1979年欧特凡格(Kate Ottevanger)翻译的英文版，后来对照库克(Alexandra Cook)的译本，又增加了三篇"通信续篇"。正如卢梭所说，同一种植物在各地方言中名称不一，在各行各业中又不一样，有一物多名的情况，也有同名异物的情况，因此在不同版本中，植物名称上的出入在所难免。中译本只能参照《拉英汉植物名称》，结合上下文来推定卢梭原文所指涉的是何种植物。

困难之二在于卢梭的文风。卢梭的文笔自然极难模仿，在翻译中也很难传神地再现他的修辞技巧。这是我一直深为惶恐的。但我之所以敢于翻译这本小书，一则因为这只是几封寻常的通信，而且是写给一个不到十岁的小孩（尽管是通过小孩的母亲）；二则，卢梭写这几封信时，正处在一生中最后的逃亡阶段，他离群索居，厌倦了社会，乃至厌倦了自己，一心只想从自然中得到安慰。那么，就让我们忘记他的其他身份，忘记他在思想史上的地位，忘记有关他的一切略嫌沉重的话题，仅仅满足于把他当作一名热情的植物学爱好者吧。对卢梭本人来说，这或许也是一件值得欣慰的事情。

除此以外，卢梭让我切身体会到一种矛盾：在我们面前始终摆着两种书：历代学者们汗牛充栋的著作，以及永恒的自然之书。前者原本是为了教我们如何更好地解读自然之书，结果却导致我们一头扎进书堆，远离了自然之书。人类对知识的欲望永无止境，卢梭本人正是因此一度厌倦了植物学，一气之下扔掉所有的植物学书籍。

诚然，你在户外待三个月，也不见得比在图书馆待三天学到的东西更多。然而无论图书编得多么精美，与大自然本身终究隔着一重。为读书而足不出户，真正是舍本逐末。幸好卢梭只给了我们一本薄薄的入门教程，更多的还需要我们自己到自然中去寻找。

正如卢梭所说，要认识自然，就必须亲眼看到自然的创造物。他多次因未能结合实物为德莱塞尔夫人讲解而感到抱歉，也曾千方百计设法克服这一困难。借助"花卉图谱界的拉斐尔"勒杜泰卓越的绘画技巧，再加上日益精进的雕版艺术，彩图版的《植物学通信》多少弥补了卢梭的遗憾。这本小书当年曾引发求购的狂潮，诱使收藏家们不惜重金竞相抢购。此外，卢梭这些通信前后曾被译为多种译本，或直接从法文本翻译过来，或从英译版转译而成，其中包括丹麦文本、葡萄牙语本，以及俄文本等。这些不同的译本对植物学传播起到了极其重要的作用，后世模仿卢梭笔法撰写植物学书籍的传播者层出不穷；歌德爱上植物学，并别出心裁地提出"植物形变"理论，多少也是受到卢梭的启发。然而令人遗憾的是，卢梭的这些通信一直没有出现在中文世界中。

卢梭的这些通信以最浅显的方式表达了他的自然观念，也牢牢确立了他作为"自然之子"的形象。但在众多关于卢梭的研究中，他的植物学始终处于边缘化状态，甚或全然被忽视。以现代标准来看，有人未免会指责卢梭的通信（尤其是《词典》的某些条目）中充斥着过多主观想象与情感的成分。然而这恰恰是卢梭笔调的动人之处。植物学之所以能让这位流亡多年的孤独者找到慰藉，正是因为，借助这项研究，他将自己的全部感情投注到了大自然之中。当深邃的自然之美无法以"客观"的科学语言来传达时，他往往会转而诉诸情感，依靠内心去"感悟和理解"。这种情感上的"越界"，非但无损于他观察上的准确细致，反倒使其得以在理性的启蒙精神中重现诗意的自然。

我要感谢刘华杰老师让我接触到博物学并有幸成为本书的译者，在翻译过程中，他给了我很多必要的指点。北京大学生命科学院的汪劲武教授特意为我指出了一些植物译名上的问题。*Cymbalaria muralis* 最初错译为相似种"柳穿鱼"，国内有些地方译作"铙钹花"，或"长春藤叶柳穿鱼"，经汪先生提示后，定名为"假柳穿鱼"。此前有一年多的时间，我是汪先生标本室里的常客，在帮他整理标本的过程中，我了解到很多有趣的植物故事，并深切感受到经典植物分类学的魅力。在此衷心感谢老师们耐心的教导与帮助。也感谢北京市社会科学院的王玉峰博士耐心阅读初稿并提出了一些宝贵意见。最后，感谢热心推出这套博物学著作的北京大学出版社领导，感谢吴敏女士细心的编辑工作。他们所做的一切都让我感觉到，在生物还原论无孔不入地渗入主流文化、现代文明的车声灯影甚嚣尘上的今天，我们还有很多值得慰藉的东西，还不至于无处可逃。

熊姣

2011 年 7 月 9 日

补记

本书中除勒杜泰的插图之外，还补充了一些国内植物的图片。感谢刘华杰老师提供他的摄影作品。